# App Inventor
# 趣味游戏编程

赖 红 高 杰 蔡明鹏 编著

電子工業出版社
Publishing House of Electronics Industry
北京 · BEIJING

## 内容简介

随着时代的发展，人类已步入了“移动互联网”时代，以智能手机为代表的移动互联设备已渗透到了从小学到大学的每一个学习阶段，各行各业都需要推广编程教育。App Inventor 这种以“积木式编程”为特色的移动程序开发工具，极大地降低了编程的门槛和难度，让开发者将令人生畏的编程变为简便而轻松愉快的创造。本书主要面向零基础的中小学生和大学生，采用了 App 市场大家比较喜欢玩的小游戏作为本书的主线，编写了 8 个小游戏，分别为是钢琴弹奏、会说话的汤姆猫、别踩白格、快乐打地鼠、雷霆战警、翻牌游戏、乐高机器人、数独(六宫格)。各个游戏以一个生动贴切的实例开头而且实际运行，并给出了游戏中所需要的素材，并且提供了详细的实现方案和关键流程，学生在做中学，学中乐，提高学生的自主学习能力。本书的资源地址 http://pan.baidu.com/s/1hsKQdXa，密码 sx9z。



**图书在版编目（CIP）数据**

App Inventor趣味游戏编程 / 赖红，高杰，蔡明鹏编著. — 北京：电子工业出版社，2018. 1
ISBN 978-7-121-33019-3
Ⅰ. ①A… Ⅱ. ①赖… ②高… ③蔡… Ⅲ. ①移动终端—游戏程序—程序设计 Ⅳ. ①TN929. 53
中国版本图书馆CIP数据核字（2017）第277085号

策划编辑：贺志洪
责任编辑：贺志洪
特约编辑：杨　丽　薛　阳
印　　刷：北京虎彩文化传播有限公司
装　　订：北京虎彩文化传播有限公司
出版发行：电子工业出版社
　　　　　北京市海淀区万寿路173信箱邮编100036
开　　本：787×1092　1/16　印张：10.5　字数：262.4千字
版　　次：2018年1月第1版
印　　次：2024年 1 月第6次印刷
定　　价：43. 00元

凡所购买电子工业出版社图书有缺损问题，请向购买书店调换。若书店售缺，请与本社发行部联系，联系及邮购电话：（010）88254888，88258888。

质量投诉请发邮件至 zlts@phei. com. cn，盗版侵权举报请发邮件至 dbqq@phei. com. cn。

服务热线：（010）88254609 或 hzh@phei. com. cn

# 前 言

随着移动互联网的发展，人类社会步入了智能手机的时代，以智能手机为代表的移动互联设备已渗透到了从小学到大学的每一个学习阶段，移动学习通过大数据，人工智能以及云计算的整合，已越来越广泛应用于教育领域。

在实施全民智能教育项目，在中小学阶段设置人工智能相关课程，逐步推广编程教育，鼓励社会力量参与寓教于乐的编程教学软件、游戏的开发和推广，App Inventor 这种以“积木式编程”为特色的移动程序开发工具受到了各国教育工作者的广泛关注，极大地降低了编程的门槛和难度，让学习者编程的过程中不再枯燥，而是简便而轻松愉快。App Inventor 已经在中国被应用于各个阶段的信息技术教育，Google 在中国连续多年与深圳信息职业技术学院一起举办了 App Inventor 的师资培训班，主要面向中小学的信息技术教师，共同推动了基于 App Inventor 的移动学习的普及教育与发展。

随着 App Inventor 教育应用的推广和普及，各类 App Inventor 的书籍如雨后春笋般涌现在市场上，更多的是属于技术类教程，着重在于知识点的讲解，而使用任务驱动的教程比较少见。基于任务驱动的移动游戏的开发比较容易吸引中小学学生和零基础的大学生。

本书主要面向零基础的中小学生和大学生，采用了 App 市场大家比较喜欢玩的小游戏作为本书的主线。本书改进了传统的教学组织模式，通过实例游戏化任务进行学习，紧密围绕 App 程序设计的基础知识和技能，提出了 8 个游戏任务涵盖各个知识点，各个任务以一个生动贴切的实例开头而且实际运行，并给出了游戏中所需要的素材，并且提供了详细的实现方案和关键流程，学生在做中学，学中乐，提高学生的自主学习能力。

本书共分为 9 章，第 1 章是绪论部分，主要介绍 App Inventor 的基础知识，如何使用 App Inventor 开发第一个 App 程序；第 2 章到第 9 章编写了 8 个游戏，分别为是钢琴弹奏、会说话的汤姆猫、别踩白格、快乐打地鼠、雷霆战警、翻牌游戏、乐高机器人、数独（六宫格）。

在本书的编撰过程中，全书的选题和设计由赖红和高杰负责，第 1 到第 5 章由赖红承担，第 6 到第 9 章由高杰承担，蔡明鹏承担了游戏代码的编写和验证工作，最后全书的通稿和审定由高杰完成。本书采用寓教于乐的方式，通过典型游戏案例的编写，为读者把 App Inventor 应用到个性化的移动游戏软件提供参考和借鉴，由于作者水平有限，且编写时间仓促，本书错误以及不足在所难免，敬请广大读者批评指正。

赖红　高杰　蔡明鹏

2017 年 8 月

# 目　录

## 第 8 章 乐高机器人



## 第 9 章 数独（六宫格）

# 第 1 章 初识 App Inventor

# 1.1 什么是 App Inventor？

App Inventor 原名为 Google App Inventor，是 Google 实验室（Google Lab）的一个子计划，由一群 Google 工程师和勇于挑战的 Google 使用者共同参与设计完成，于 2012 年移交 MIT，2012 年 3 月以 MIT App Inventor 名称公布使用。Google App Inventor 是一个完全在线开发的 Android 编程环境，针对 Android 推出的简易开发工具，没有程序语言学习基础的一般用户，也能用积木堆叠的方法，创作在 Android 平台上执行的应用程序，与 Scratch、ArduBlock 这些图形化编程工具很相似，抛弃复杂的程式代码而使用积木式的堆叠法来完成 Android 程序的开发。App Inventor 支持乐高 NXT 机器人，对于 Android 初学者或是机器人开发者想要用手机控制机器人的使用者而言，他们不需要太华丽的界面，只要使用基本元件例如按钮、文字输入输出即可实现。

由于 App Inventor 的开发过程采用积木式的开发方式，具有较强的趣味性和创新性，并能有效地将计算思维教育和计算机移动教育结合起来，从 2014 年以来，美国、欧洲等国家和地区已经将该工具广泛地应用于大中小学各个阶段的计算机教育，到 2017 年，App Inventor 已拥有超过 300 多万的注册用户，各类的开发项目超过 500 万个，每周活跃用户超过 10 万，用户覆盖了大部分的国家和地区，目前国际上开展了各类的基于 App Inventor 的开发竞赛活动，在中国，Google 从 2014 年开始连续 4 年举办了“Google App Inventor 应用开发全国中学生挑战赛”，现在 App Inventor 进入了很多中国的中小学课堂。

# 1.2 App Inventor 开发工具

在开始使用 App Inventor 前，用户需要安装 Chrome，Safari 或者 Firefox 等主流的浏览器的一种，目前国内唯一的官方服务器为广州市教育信息中心服务器（http://app.gzjkw.net/）

（1）进入广州教育信息中心网（http://app.gzjkw.net/login/）。服务器的登录主要有两种登录：电子邮件登录和 QQ 账号登录，如图 1-1 所示。

图 1-1　广州市教育信息中心登录页面

（1）电子邮件登录

在主页上选择“申请新账号 / 重设密码”，然后输入自己已有的电子邮箱地址，确认发送会后，打开用于注册的邮箱，可以看到一封来自“MIT Inventor System”的邮件，邮件中提供了一个链接，通过这个链接就可以激活账户和设置密码，如图 1-2 所示。

申请注册新账号，或者要求重设密码链接

你可以设置你账号的初设密码；如果你忘记了你的密码，你可以申请改变你的旧密码。

输入你的电子邮箱地址：

发送链接

图 1-2　电子邮件登录页面

（2）QQ 账户登录

用户还可以使用 QQ 账户登录“App Inventor 服务器”，此时需要在 QQ 空间上进行授权，用户登录 QQ 后，点击“QQ 账户登录后进入如图 1-3 所示界面，点击 QQ 头像授权后进入“App Inventor 开发界面”，如图 1-4 所示。

QQ登录
QQ登录 | 授权管理 | 申请接入
帐号密码登录
推荐使用快速安全登录，防止盗号。
支持QQ号/邮箱/手机号登录
密码
授权并登录
忘了密码？ | 注册新帐号 | 意见反馈
AppInventor 将获得以下权限：
全选
获得您的昵称、头像、性别
授权后表明你已同意 QQ登录服务协议

图 1-3　QQ 登录页面

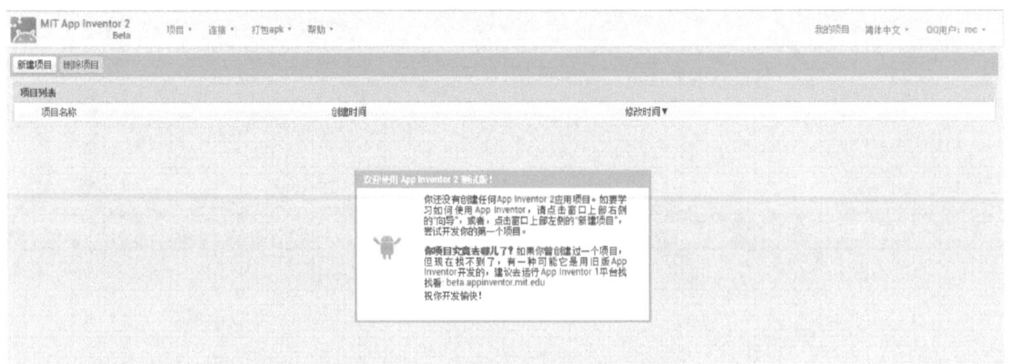


图 1-4　App Inventor 开发页面

# 1.3　App Inventor 建立运行第一个项目

App Inventor 开发的每个软件叫做 App，每个软件的源代码称为“Project”，由于本书案例中的 App Inventor 的开发主要通过服务器开发，每个用户开发的项目都保存在广州市教育信息中心的服务器上，也可下载到本地计算机上备份。每个 App 项目的源文件的后缀名为“.aia”，“.aia”项目源文件包含了软件的界面、逻辑和源程序等信息，完成项目的编辑后，可以打包生成“.apk 文件”供用户在安卓手机上安装。

（1）建立新项目

新项目的建立如图 1-5 所示，选择“新建项目”，建立一个名称为“HelloFirstApp”的 App 项目，建立项目后，可以通过菜单栏的“项目菜单”对其进行管理，其选项包括：

- 我的项目

进入项目列表，用户在服务器上建立的项目，都会保存到项目列表里面，可以通过列表进行项目切换和新建项目、删除项目等操作。

- 新建项目

新建项目，功能和项目列表中的“新建项目”按钮功能相同。

- 导出项目

“.aia”文件是“App Inventor 项目”的源文件，通过“导出项目”菜单，可以把“.aia”源文件从服务器导出并保存到计算机。

- 保存项目

将正在编辑“App Inventor 项目”的源文件“.aia”文件保存到服务器上，以免在进行编辑的过程中丢失项目的资料。

- 另存项目

将正在编辑的“App Inventor 项目”的源文件“.aia”文件以其他的名称保存到服务器上，主要用于保存不同阶段的程序源文件。

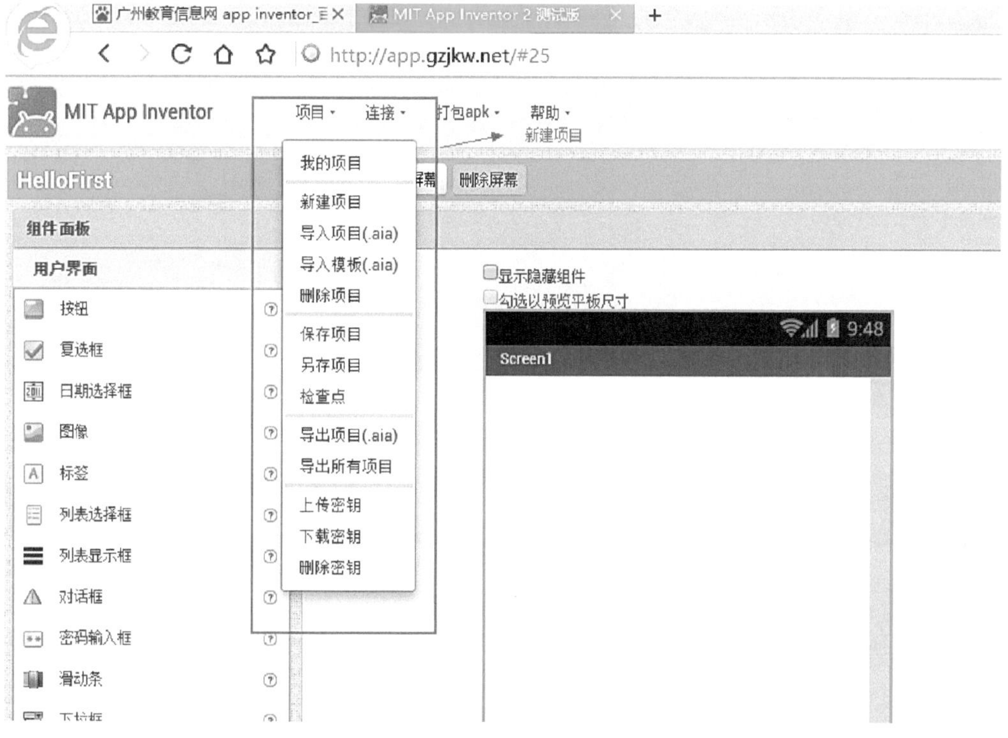


图 1-5　新建项目

（2）组件设计

组件面板用于从应用程序界面来设计 App 的外观，分为 4 个面板：

- 组件面板

提供项目所需要的各种组件。"App Inventor"提供了九大类组件，为项目的应用提供了各种集成化的工具，具体包括"用户界面"、"界面布局"、"多媒体"、"绘图动画"、"传感器"、"社交应用"、"数据存储"、"通信链接"、"乐高机器人"。

- 工作面板

用于设计项目所需要的界面和组件布局。可以新建和删除各种界面，并在不同的屏幕界面间进行切换。

- 组件列表

用于对项目屏幕中的组件进行列表显示，并进行重命名、删除等操作。

- 组件属性

用于设置项目屏幕中的组件的各种属性。

从"组件面板"→"用户界面"中选择"标签"组件，并在组件属性中修改显示的内容为"Hello First App Inventor"如图 1-6 所示。

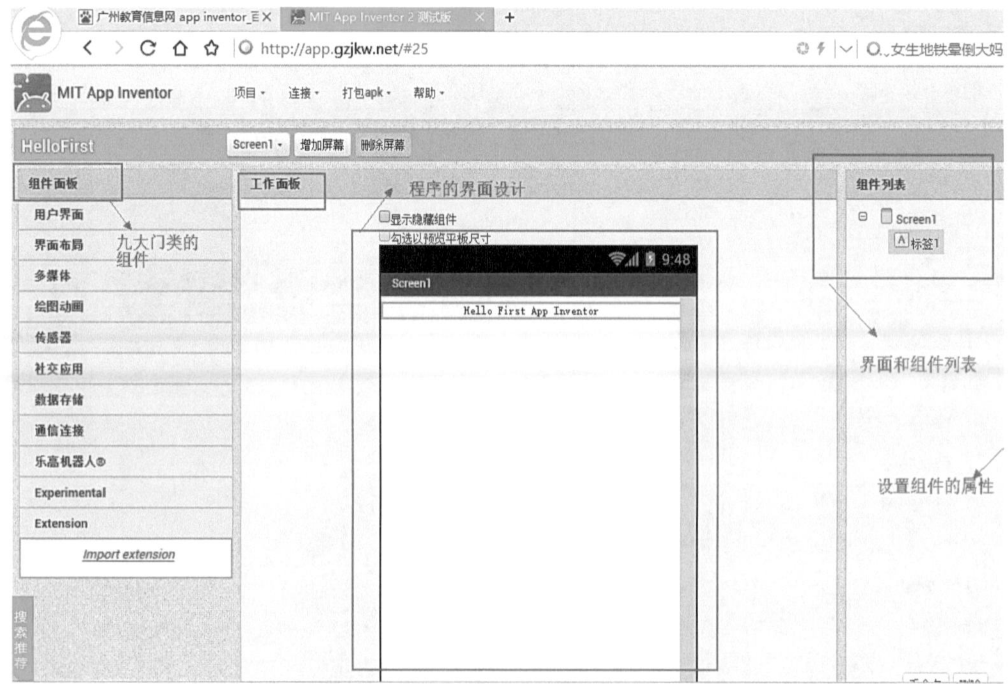


图 1-6　组件设计面板

（3）打包 Apk

当用户完成项目开发以后，可以通过“App Inventor”系统生成“APK”文件，并下载到手机上安装运行，菜单栏的“打包 APK”中，有两个选项：“打包 apk 并显示二维码”、“打包 apk 并保存到计算机”。

- 打包 apk 并显示二维码

在服务器内部生成项目相关的“apk 文件”，并显示二维码，如图 1-7 所示，用户使用 Android 手机的浏览器或者其他工具扫描该二维码，可以把“apk 文件”下载到手机上安装运行，这是“App Inventor”最常见和直接的安装方法。

图 1-7　打包 apk 并显示二维码

- 打包 apk 并保存到计算机

在服务器内部生成项目相关的“apk 文件”，可以把“apk 文件”下载到本地计算机运行，然后使用手机助手可以将“apk 文件”安装到手机或者模拟器上运行，运行的效果如图 1-8 所示。

图 1-8　打包 apk 并保存到计算机

下载 apk 后使用 USB 线连接到手机或者虚拟机，运行的效果如图 1-9 所示。

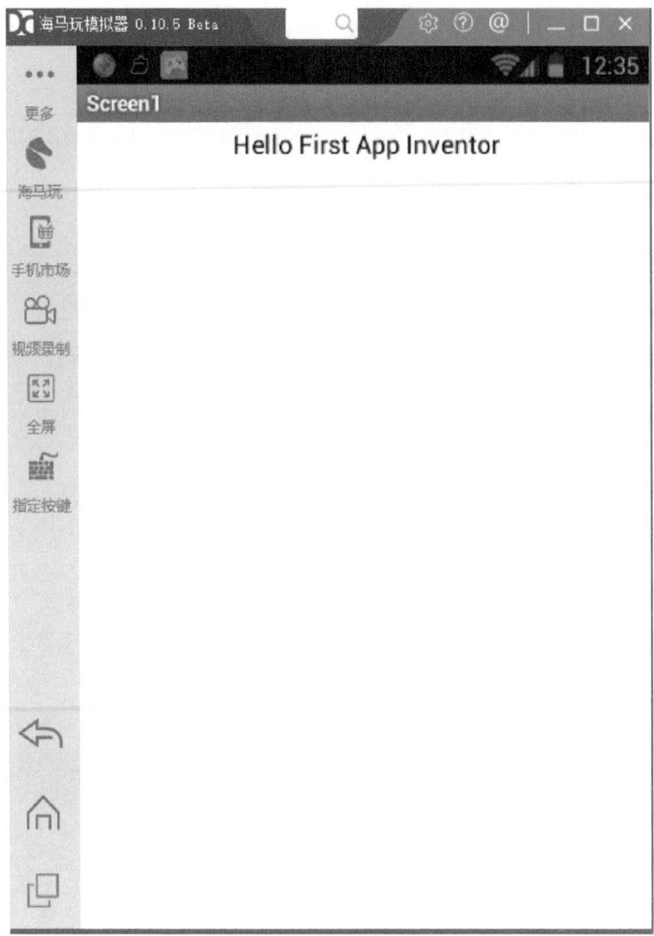


图 1-9　模拟器运行 apk 程序

# 第 2 章 钢琴弹奏

**本章目标**

1. 掌握 App Inventor 中的布局方法。
2. 掌握按钮组件的属性设置方法。
3. 掌握按钮组件的事件处理方法。
4. 掌握音频播放器的使用方法。

## 2.1 任务描述

本章要求开发一个钢琴弹奏的小游戏，极品钢琴程序的运行效果如图 2-1 所示。该小游戏可以模拟钢琴弹奏。在手机上就能弹奏出世界著名钢琴曲，音色逼真、实时演奏。下面就让我们进行该小游戏的开发。

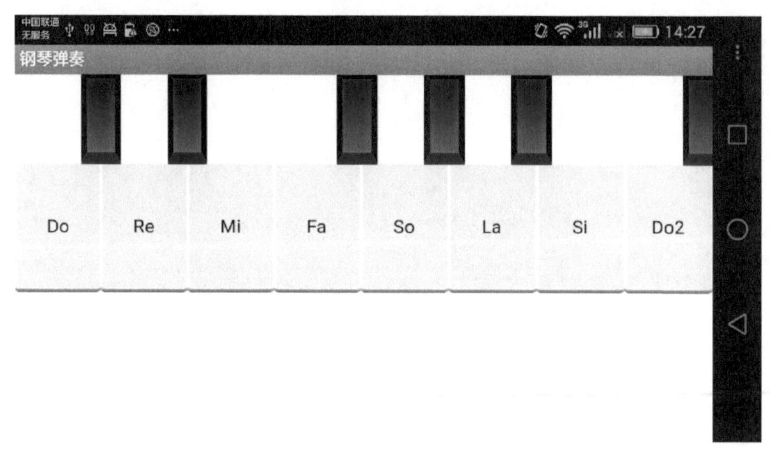


图 2-1　极品钢琴程序的运行效果

## 2.2 开发前的素材准备工作

通过图 2-1 可知，极品钢琴的开发所需要的素材如表 2-1 所列。

表 2-1　极品钢琴开发素材列表

| 类别 | 素材说明 | 素材名称 | 备注 |
| --- | --- | --- | --- |
| 背景图片 | 钢琴按键 - 白色的背景图片 | white.png | |
| | 钢琴按键 - 白色被按下后的背景图片 | white_click.png | |
| | 钢琴按键 - 黑色的背景图片 | black.png | |
| | 钢琴按键 - 黑色被按下后的背景图片 | black_click.png | |
| 按键音频文件 - 白色按键 | 钢琴按键 - 白色 -Do 音乐 | Do.mp3 | |
| | 钢琴按键 - 白色 -Re 音乐 | Re.mp3 | |
| | 钢琴按键 - 白色 -Mi 音乐 | Mi.mp3 | |
| | 钢琴按键 - 白色 -Fa 音乐 | Fa.mp3 | |

续表

| 类别 | 素材说明 | 素材名称 | 备注 |
| --- | --- | --- | --- |
| 按键音频文件 – 白色按键 | 钢琴按键 – 白色 –So 音乐 | So.mp3 | |
| | 钢琴按键 – 白色 –La 音乐 | La.mp3 | |
| | 钢琴按键 – 白色 –Si 音乐 | Si.mp3 | |
| | 钢琴按键 – 白色 –Do2 音乐 | Do2.mp3 | |
| 按键音频文件 – 黑色按键 | 钢琴按键 – 黑色 –Do 音乐 | BDo.mp3 | |
| | 钢琴按键 – 黑色 –Re 音乐 | BRe.mp3 | |
| | 钢琴按键 – 黑色 –Mi 音乐 | BMi.mp3 | |
| | 钢琴按键 – 黑色 –Fa 音乐 | BFa.mp3 | |
| | 钢琴按键 – 黑色 –So 音乐 | BSo.mp3 | |
| | 钢琴按键 – 黑色 –La 音乐 | BLa.mp3 | |

# 2.3　程序的布局设计

## 2.3.1　清单设计

极品钢琴的程序组件列表清单如表 2-2 所列。

表 2-2　屏幕的组件列表

| 类别 | 分类 | 组件类型 | 组件名称 | 备注 |
| --- | --- | --- | --- | --- |
| 可视组件 – 整体垂直布局 | 黑色键盘 | 用户界面 – 标签 | 标签 1 | |
| | | 用户界面 – 按钮 | 按钮黑色 Do | |
| | | 用户界面 – 标签 | 标签 2 | |
| | | 用户界面 – 按钮 | 按钮黑色 Re | |
| | | 用户界面 – 标签 | 标签 3 | |
| | | 用户界面 – 按钮 | 按钮黑色 Mi | |
| | | 用户界面 – 标签 | 标签 4 | |
| | | 用户界面 – 按钮 | 按钮黑色 Fa | |
| | | 用户界面 – 标签 | 标签 5 | |
| | | 用户界面 – 按钮 | 按钮黑色 So | |
| | | 用户界面 – 标签 | 标签 6 | |
| | | 用户界面 – 按钮 | 按钮黑色 La | |

续表

| 类别 | 分类 | 组件类型 | 组件名称 | 备注 |
|---|---|---|---|---|
| 可视组件－整体垂直布局 | 白色键盘 | 用户界面－按钮 | 按钮 Do | |
| | | 用户界面－按钮 | 按钮 Re | |
| | | 用户界面－按钮 | 按钮 Mi | |
| | | 用户界面－按钮 | 按钮 Fa | |
| | | 用户界面－按钮 | 按钮 So | |
| | | 用户界面－按钮 | 按钮 La | |
| | | 用户界面－按钮 | 按钮 Si | |
| | | 用户界面－按钮 | 按钮 Do2 | |
| 非可视组件 | 音频播放器 | 多媒体－音频播放器 | 音频播放器 | |

### 2.3.2　布局过程

列出组件清单后，下面进行布局设计。

1. 新建项目

（1）打开 App Inventor 开发环境，单击“项目”→“新建项目”，如图 2-2 所示。

（2）在“新建项目”对话框中，“项目名称”文本框中输入“piano”，建立一个新项目，如图 2-3 所示，单击“确定”按钮。

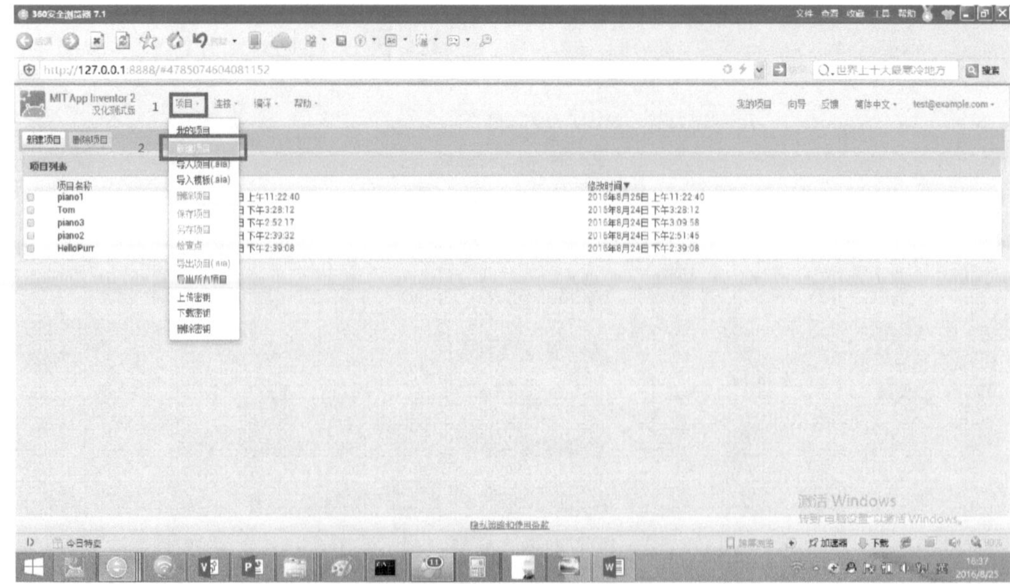


图 2-2　新建 App Inventor 项目

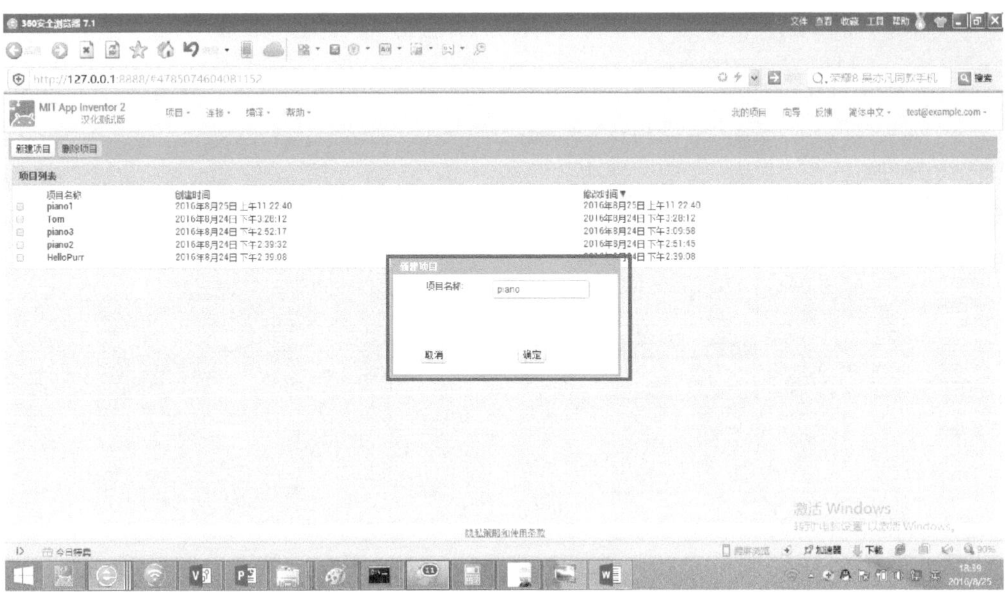


图 2–3　新建 App Inventor 项目命名

2. 总体布局

（1）在“Screen1”下对“钢琴演奏”进行总体布局。单击“组件面板”→“组件布局”→“垂直布局”，将“垂直布局”拖曳到“Screen1”中。单击“Screen1”→“垂直布局”，修改组件的属性，其中“高度”和“宽度”属性设置为“充满”，如图 2-4 所示。

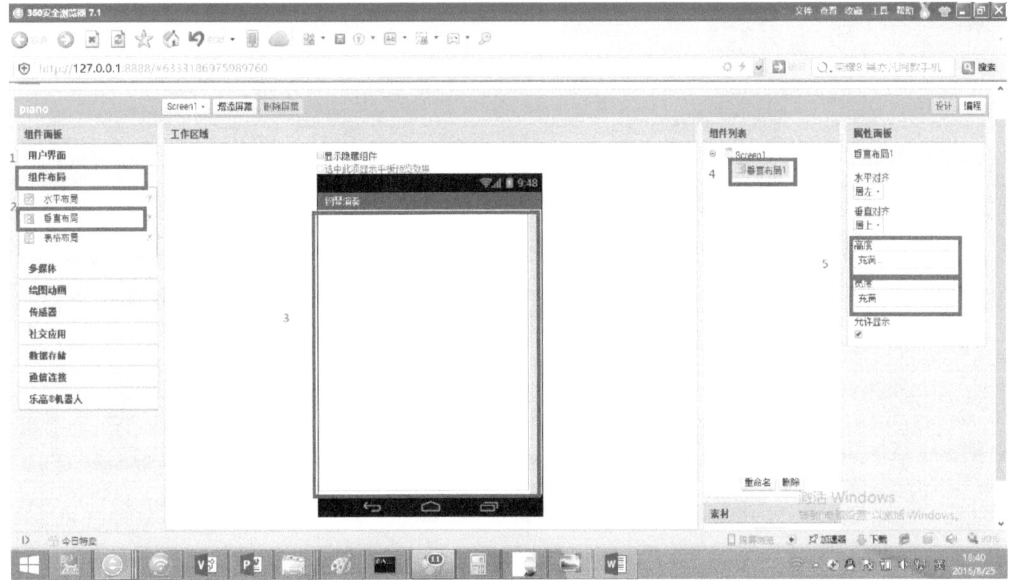


图 2–4　新建垂直布局

（2）设置“Screen1”的属性。单击“Screen1”→“属性面板”，修改组件的属性。

其中“屏幕方向”属性设置为“横屏”，“屏幕尺寸”属性设置为“自动调整”，“标题”属性设置为“钢琴演奏”，如图 2-5 所示。

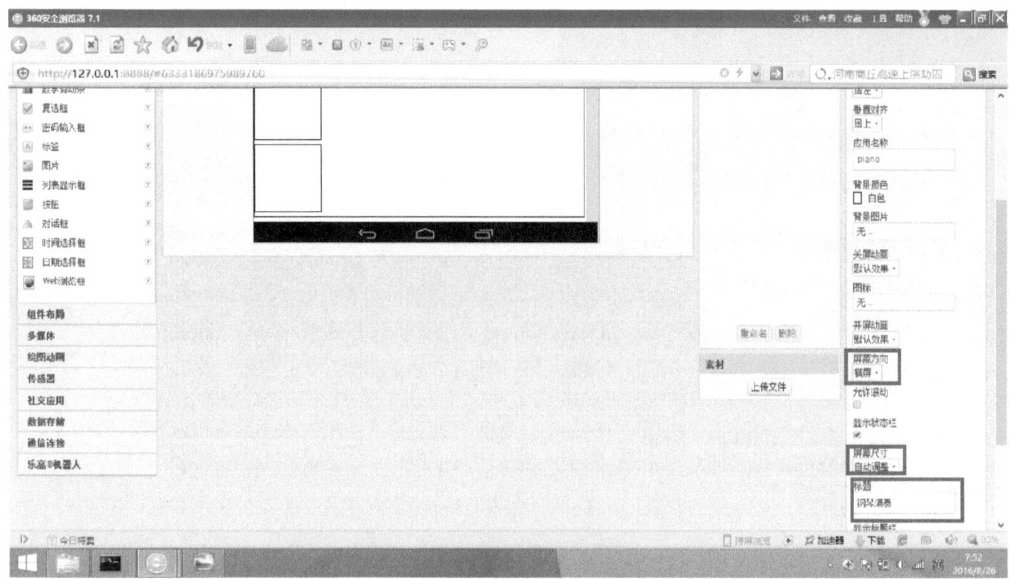

图 2-5　设置垂直布局属性

（3）在“垂直布局”下新增两个“水平布局”分别用于白色键盘和黑色键盘。单击“组件面板”→“组件布局”→“水平布局”，将“水平布局”拖曳到“垂直布局”中。单击“Screen1”→“垂直布局”→“水平布局”，修改组件的属性，其中“高度”属性设置为百分比“50%”，“宽度”属性设置为“充满”，如图 2-6 所示。

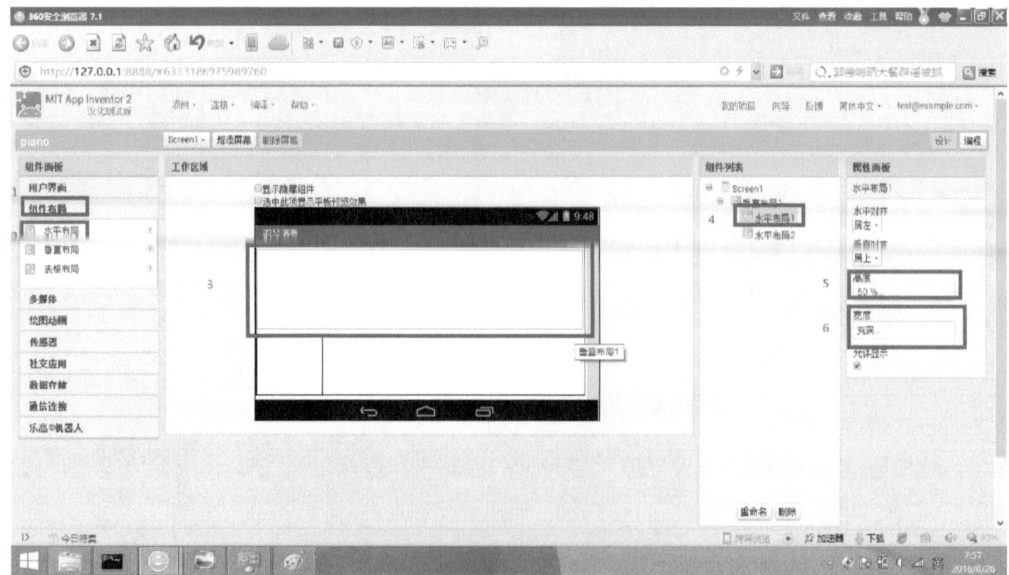

图 2-6　新建水平布局

（4）修改“水平布局”的属性名称。选中“Screen1”→“垂直布局”→“水平布局 1”，单击“重命名”按钮，在打开的“重命名组件”对话框中，分别修改“水平布局 1”和“水平布局 2”属性为“黑色键盘”和“白色键盘”，如图 2-7 和图 2-8 所示。

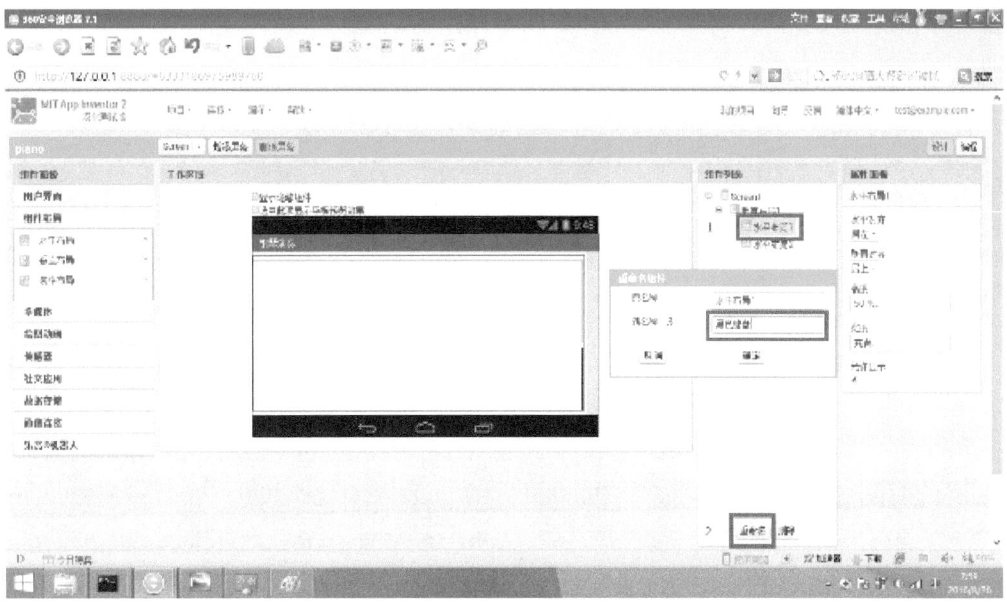

图 2–7　水平布局重命名为白色键盘

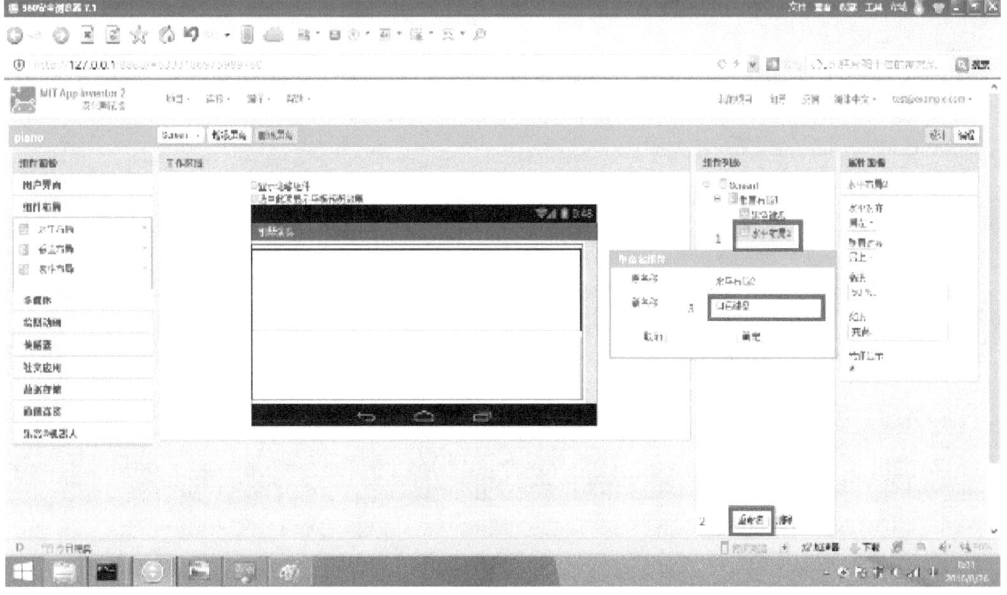

图 2–8　水平布局重命名为黑色键盘

3. 白色键盘布局

（1）创建白色按钮并设置按钮属性。单击“组件面板”→“用户界面”→“按钮”，将

“按钮”拖曳到“白色键盘”中，如图 2-9 中步骤 1 ~ 3 所示。单击“白色键盘”→“按钮”，再单击“重命名”按钮，在打开的“重命名组件”对话框中修改组件按钮的“新名称”属性为“DO”，如图 2-9 中步骤 4 ~ 7 所示。修改组件的属性，其中“高度”属性设置为“充满”，“宽度”属性设置为“自动”，如图 2-9 中步骤 8 ~ 10 所示。重复上面的过程分别创建按钮“Re，Mi，Fa，So，La，Si，Do2”。

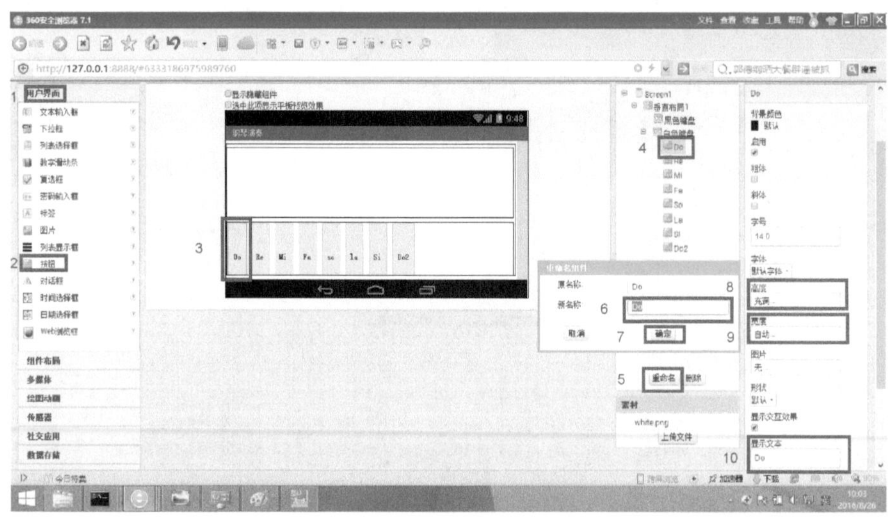

图 2-9　创建白色按钮

（2）上传白色按钮背景素材文件。单击“素材”→“上传文件”按钮，再单击“选择文件”按钮，在打开的“选择文件”对话框中选择文件夹“极品钢琴 - 素材”中的文件“white.png”，如图 2-10 中步骤 1 ~ 6 所示。

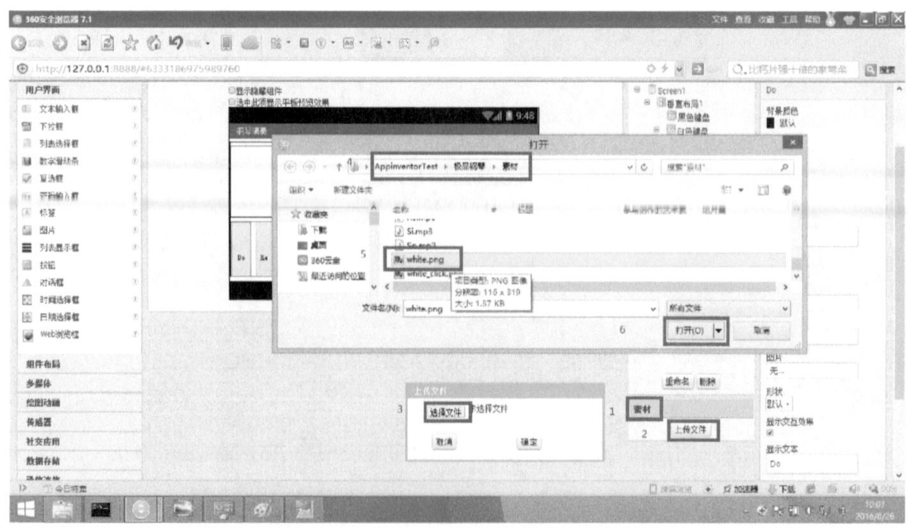

图 2-10　上传白色按钮背景素材文件

（3）配置白色按钮的属性。选择“白色键盘”→“按钮 Do”，修改组件的属性，其中“高度”属性设置为“充满”，“宽度”属性设置为“充满”，背景图片设置为“white.png”，如图 2-11 中步骤 1 ~ 4 所示。

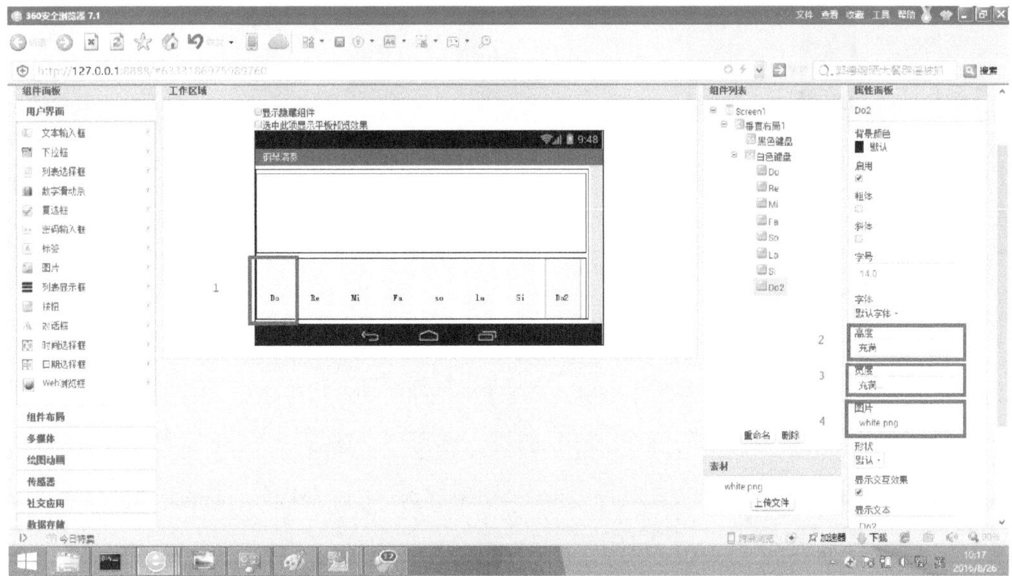


图 2-11　配置白色按钮的属性

（4）设置完成后白色键盘的布局效果如图 2-12 所示。

图 2-12　白色键盘效果

4. 黑色键盘布局

黑色键盘的布局如图 2-13 所示，其中黑色键盘中的标签与按钮的布局关系以及比例如图 2-13 所示。

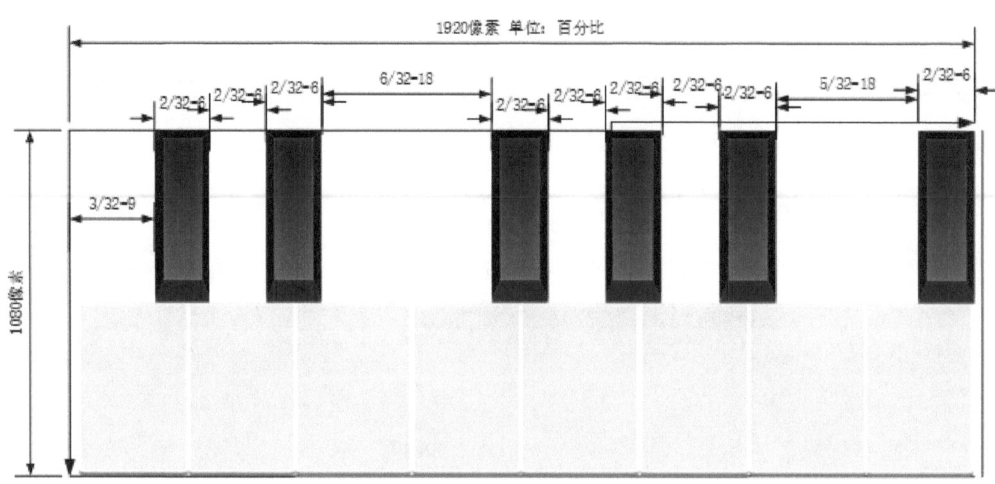


图 2-13　黑色键盘的布局

（1）创建黑色键盘中的标签和按钮，并设置组建的属性。单击“组件面板”→“用户界面”→“按钮”，将“按钮”拖曳到“黑色键盘”布局中，如图 2-14 中步骤 1 ~ 4 所示。使用同样的步骤创建“按钮黑色 Do”，单击“黑色键盘”→“按钮”，修改组件的属性，其中“高度”属性设置为“充满”,“宽度”属性设置为百分比“9%”，如图 2-14 中步骤 5 ~ 6 所示。使用同样的步骤设置“按钮黑色 Do”的属性，“宽度”属性设置为百分比“6%”。

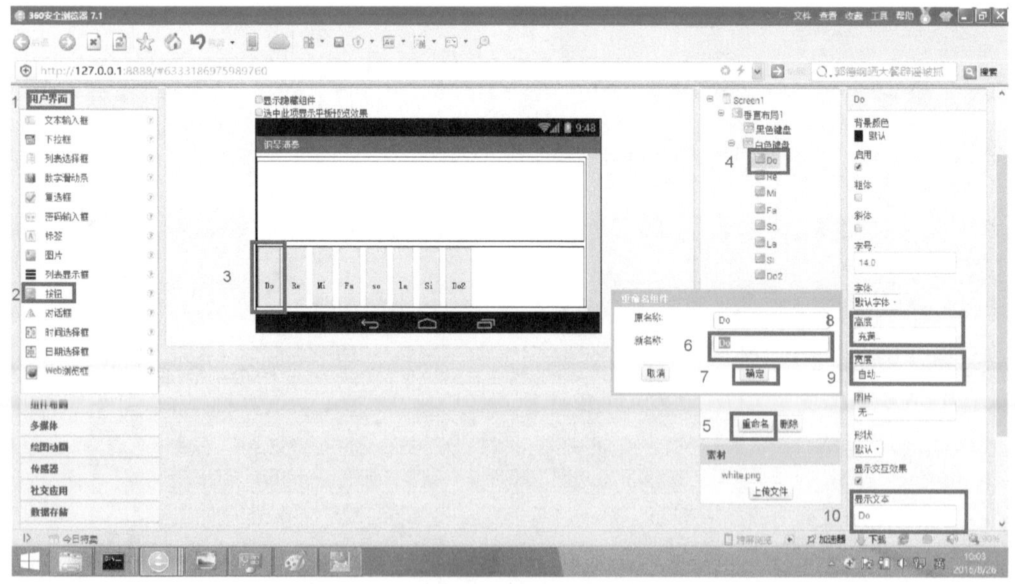

图 2-14　创建黑色键盘中的标签和按钮

（2）重复步骤（1），完成黑色键盘中所有组件的布局，并按照宽度的百分比设置所有组件的属性，如图 2-15 中步骤 1 ~ 3 所示。

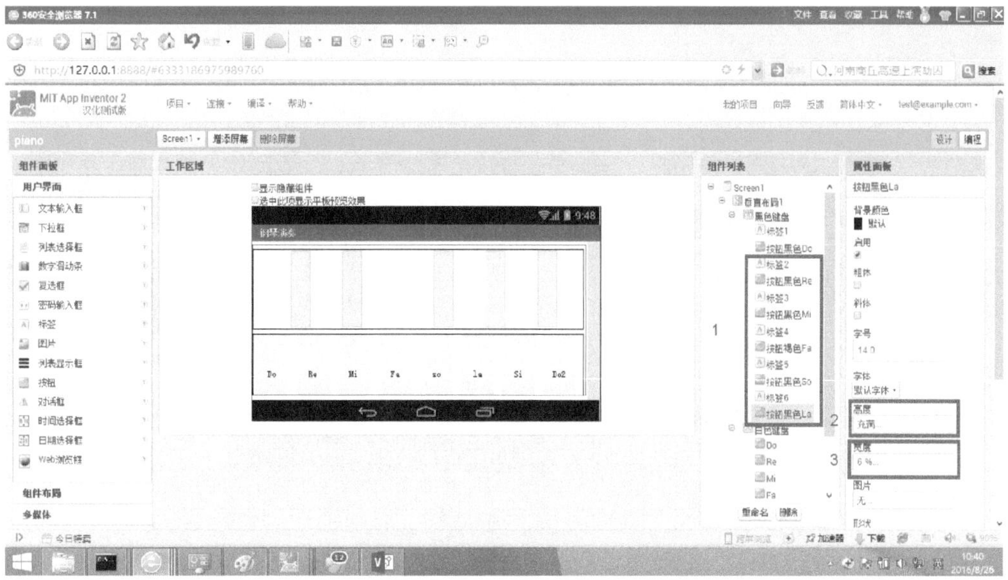

图 2-15　黑色键盘所有组件的布局

（3）从素材库中上传按钮背景图片“black.png”，设置黑色键盘所有按钮组件的背景图片，如图 2-16 中的步骤 1 ~ 4 所示。

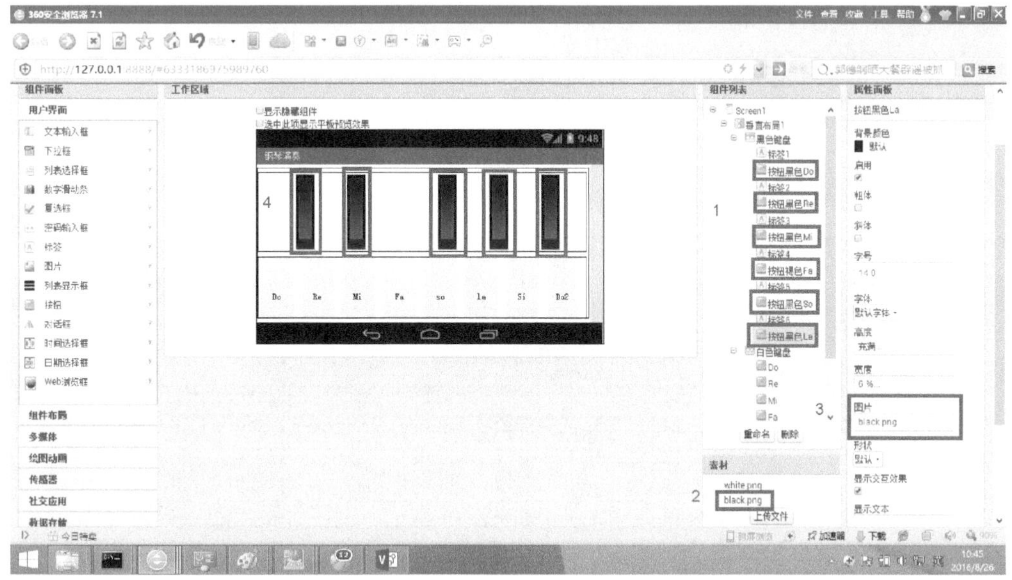

图 2-16　设置黑色键盘所有按钮组件的背景图片

（4）单击“连接”→“USB 端口”，启动手机上的“AI 伴侣”，完成后黑色键盘的布局效果如图 2-17 所示。

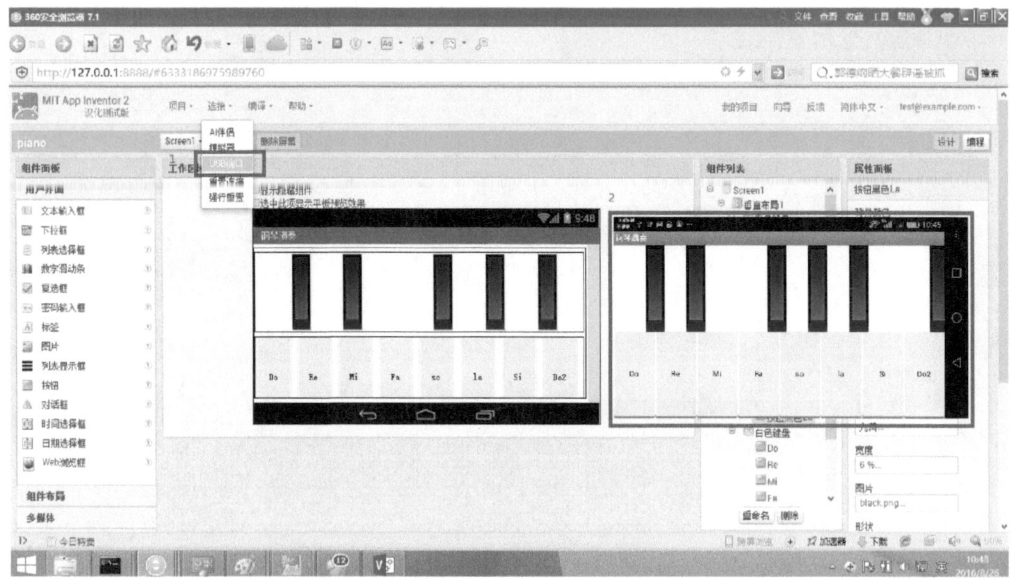

图 2-17 黑色键盘布局效果图

5. 音频播放器布局

创建音频播放器布局并上传所有素材，单击“组件面板”→“多媒体”→“音频播放器”，将“音频播放器”拖曳到“Screen1”布局中，如图 2-18 中步骤 1 ~ 4 所示。将“极品钢琴”→“素材”库中的所有素材添加到素材库中，如图 2-18 中步骤 5 所示。

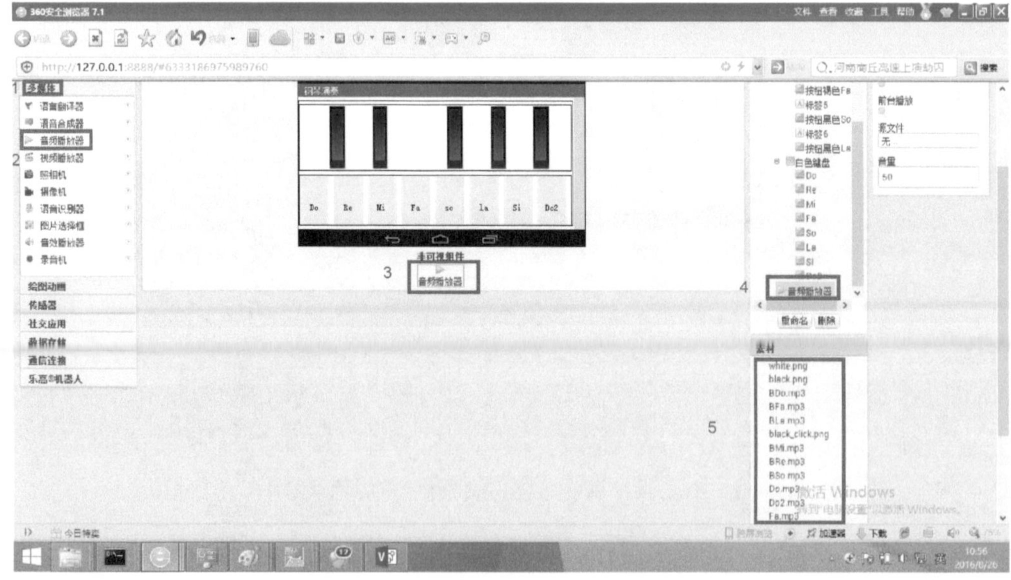

图 2-18 音频播放器以及上传所有素材

# 2.4　任务操作

## 2.4.1　新功能块清单

极品钢琴程序中的功能块清单列表如表 2-3 所列。

表 2-3　极品钢琴程序中的功能块清单列表

| 类别 | 分类 | 组件名称 | 组件名称 | 组件说明 | 备注 |
| --- | --- | --- | --- | --- | --- |
| Screen1 | 垂直布局 - 白色键盘 | 按钮 Do | 当 按钮Do 被按压时 执行 | 当按钮 Do 被按压时的处理 | |
| | | | 当 按钮Do 被释放时 执行 | 当按钮 Do 被释放时的处理 | |
| | | | 设 按钮Do 的 图片 为 | 设置按钮 Do 的图片 | |
| | | 其他按钮同上 | 此处省略 | | |
| | 音频播放器 | 音频播放器 | 设 音频播放器 的 源文件 为 | 设置音频播放器的源文件 | |
| | | | 让 音频播放器 开始 | 设置音频播放器开始 | |
| | | | 让 音频播放器 停止 | 设置音频播放器停止 | |
| 内置块 | 文本 | 文本 | " " | 设置文件名或者图片名 | |

## 2.4.2　编程操作

下面以一个钢琴“按钮 Do”为例子说明钢琴的“按钮 Do”被按压时和被释放时的处理流程，其他的按钮与“按钮 Do”的处理逻辑流程一致。

1. 完成按钮 Do 的被按压时的处理

（1）进入“Screen1”→“按钮 Do”，选择“当按钮 Do 被按压”模块，并将它拖入到编程区域中，如图 2-19 所示。

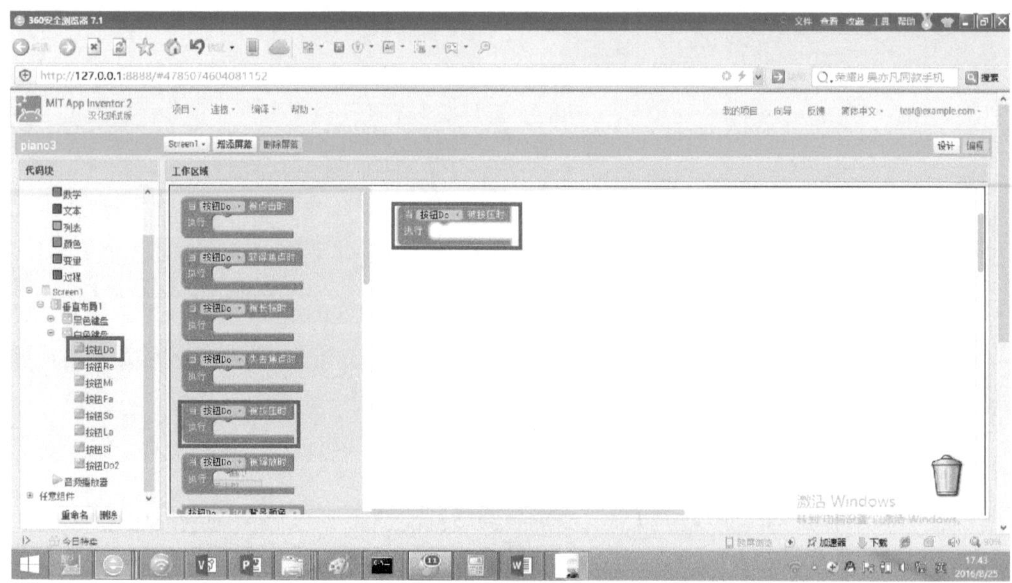

图 2-19　设置 Do 按钮被按压模块

（2）单击“音频播放器”→“设置音频播放器的源文件为”，将“设置音频播放器的源文件为”模块加入到“当 Do 按钮被按压”模块的执行后面，如图 2-20 所示。

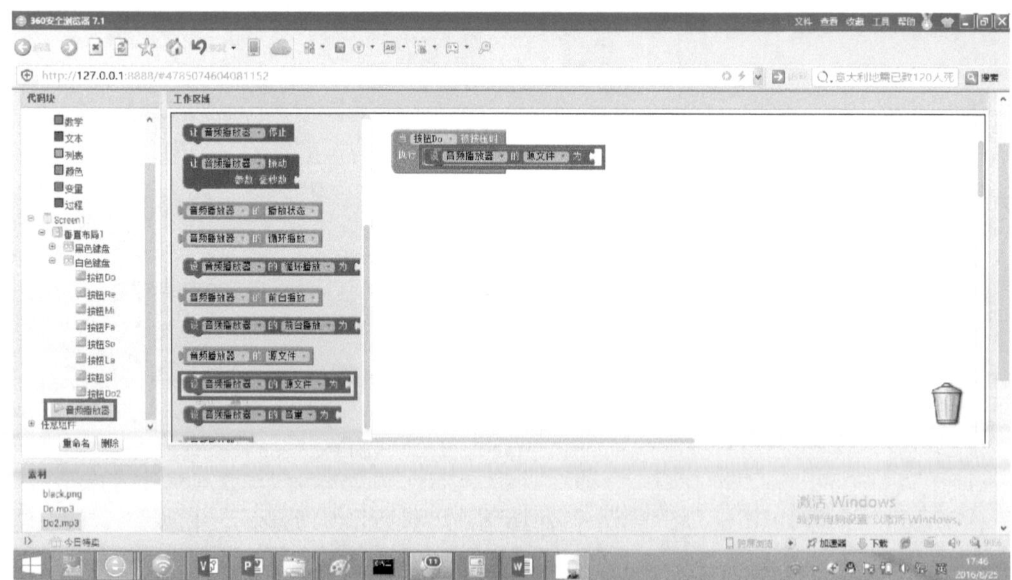

图 2-20　设置音频播放器的源文件

（3）单击“内置块”→“文本”，将“设置字符串”模块的值设置为“Do.mp3”，加入到“设置音频播放器的源文件为”模块的后面，如图 2-21 所示。

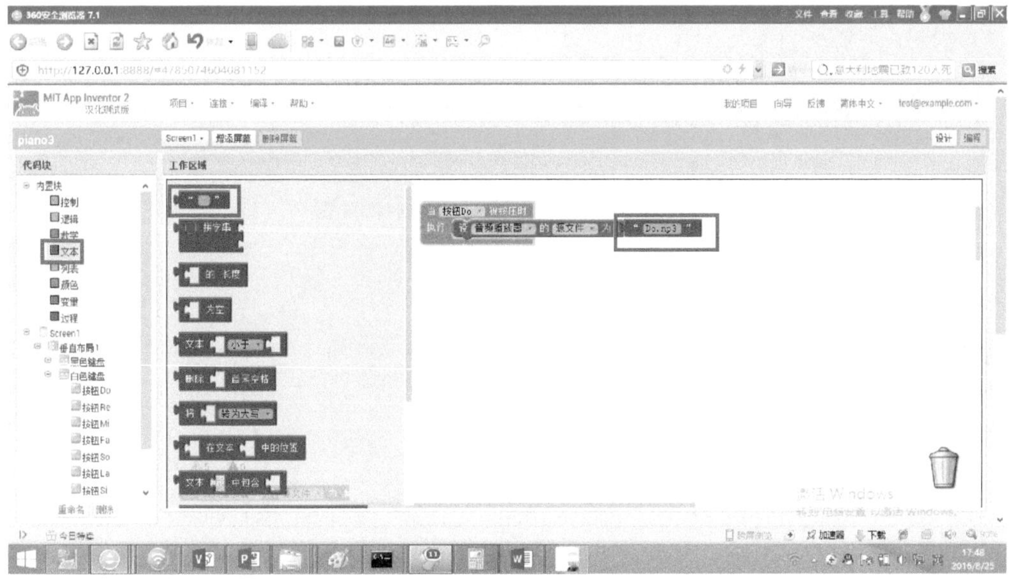

图 2-21　设置字符串模块值

（4）单击“音频播放器”→“让音频播放器开始”，将“让音频播放器开始”模块加入到“设置音频播放器的源文件为”模块的下一步，如图 2-22 所示。

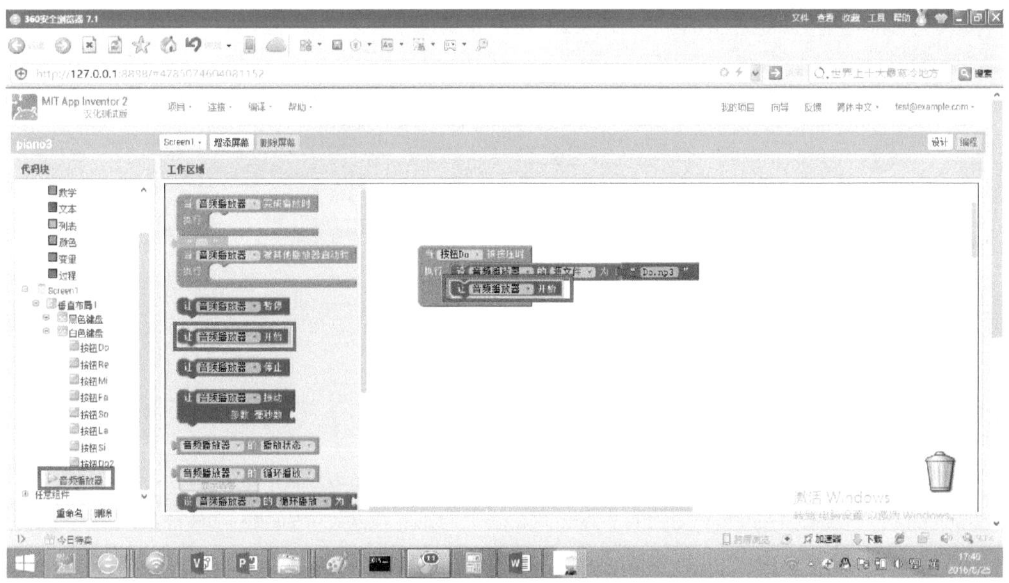

图 2-22　让音频播放器开始

（5）进入“Screen1”→“按钮 Do”，选择“设置按钮 Do 的图片为”模块，将“设置按钮 Do 的图片为”模块加入到“让音频播放器开始”的后面，如图 2-23 所示。

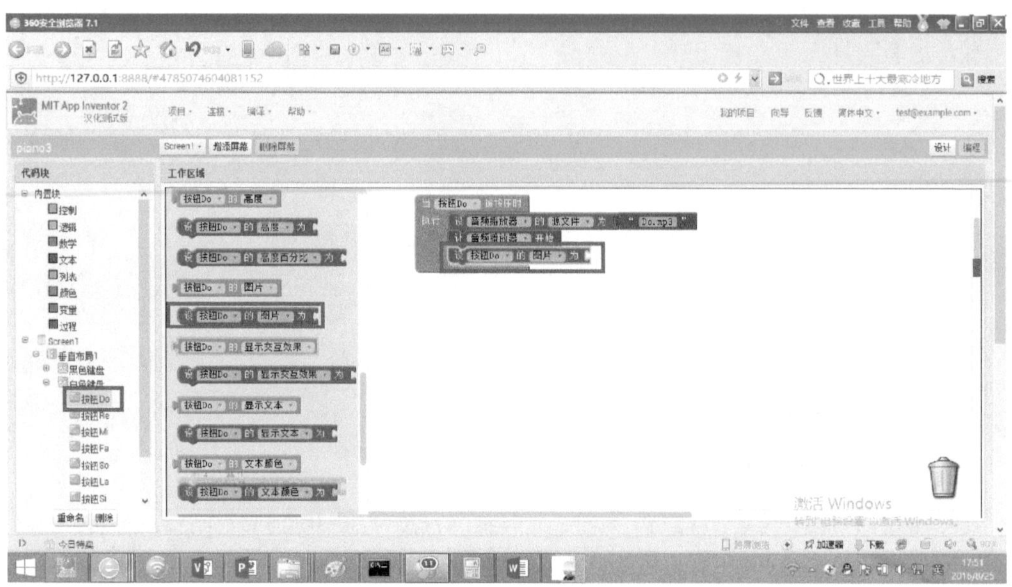

图 2-23　设置按钮 Do 的图片

（6）单击“内置块”→“文本”，将“设置字符串”模块的值设置为“white_click.png”，加入到“设置按钮 Do 的图片为”模块的后面，如图 2-24 所示。

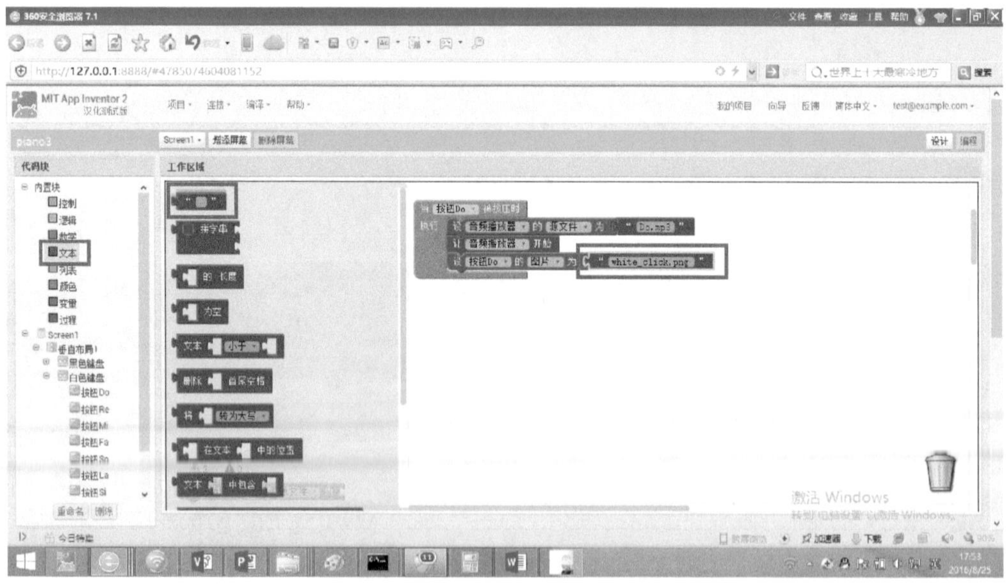

图 2-24　设置字符串模块值

2. 完成按钮 Do 被释放的处理

（1）进入“Screen1”→“按钮 Do”，选择“当 Do 按钮被释放时执行”模块，并将它拖入到编程区域中，如图 2-25 所示。

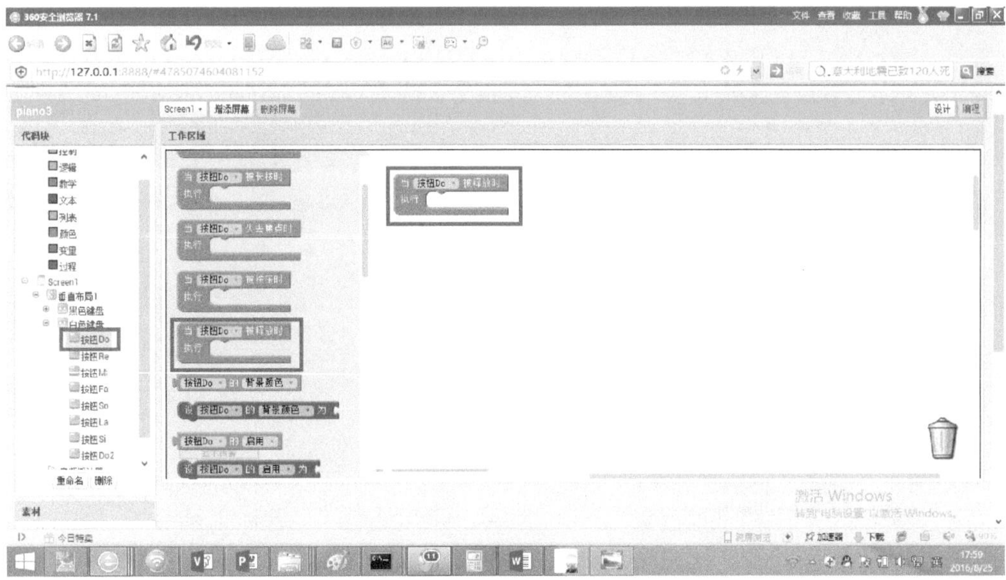

图 2-25　设置 Do 按钮被释放模块

（2）单击“音频播放器”→“让音频播放器停止”的源文件，将“让音频播放器停止”模块加入到“当 Do 按钮被释放时执行”模块“执行”的后面，如图 2-26 所示。

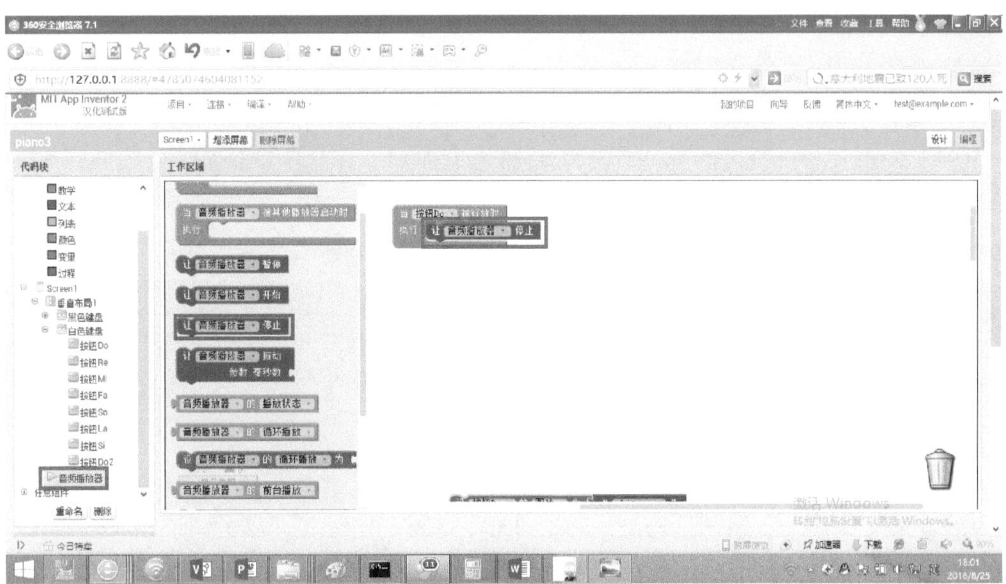

图 2-26　让音频播放器停止

（3）进入“Screen1”→“按钮 Do”，选中“设置按钮 Do 的图片为”模块，将“设置按钮 Do 的图片为”模块加入到“让音频播放器停止”的后面，如图 2-27 所示。

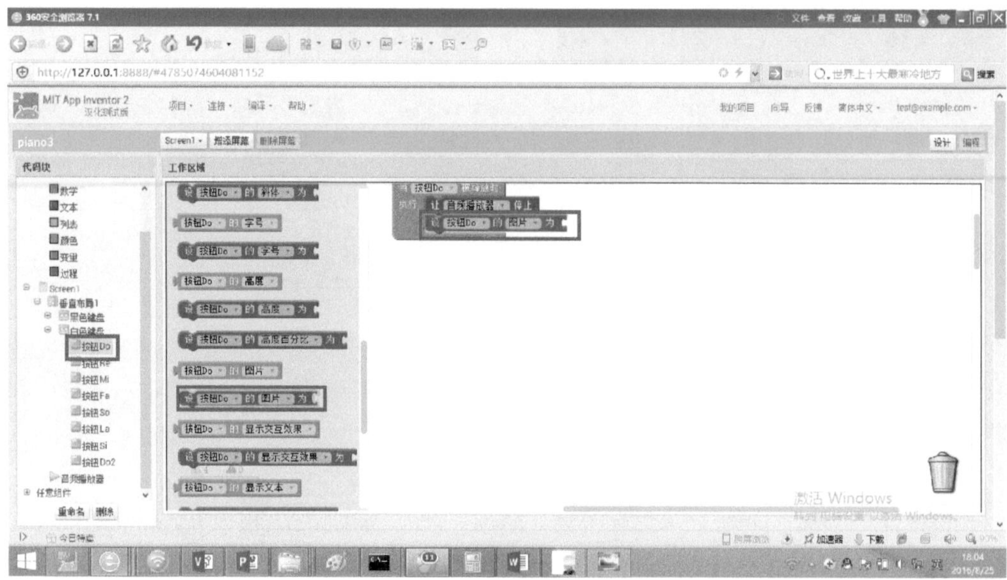

图 2-27　设置按钮 Do 的图片

（4）单击“内置块”→“文本”，将“设置字符串”模块的值设置为“white.png”，将其加入到“设置按钮 Do 的图片为”模块的后面，如图 2-28 所示。

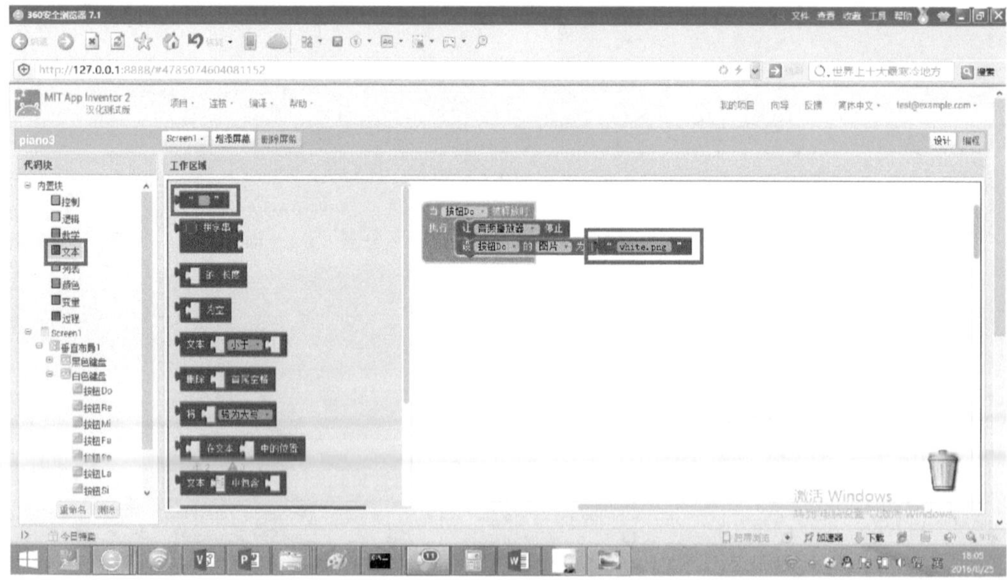

图 2-28　设置字符串模块值

# 第 3 章 会说话的汤姆猫

**本章目标**

1. 掌握计时器的使用方法。
2. 利用计时器制作动画。

## 3.1 任务描述

本章的内容是制作一只会说话的猫，本程序的运行效果如图 3-1 所示。

图 3-1　本程序运行效果

## 3.2 开发前的素材准备工作

会说话的汤姆猫开发所需要的素材如表 3-1 所列。

表 3-1　素材列表

| 类别 | 素材说明 | 素材名称 | 备注 |
| --- | --- | --- | --- |
| 背景图片 | 屏幕背景 – 主背景图片 | cat.jpg | |
| | 屏幕背景 – 眨眼动作图片 | cat_blink.jpg | |
| | 屏幕背景 – 竖耳朵图片 1 | cat_listen1.jpg | |
| | 屏幕背景 – 竖耳朵图片 2 | cat_listen2.jpg | |
| | 屏幕背景 – 竖耳朵图片 3 | cat_listen3.jpg | |
| | 屏幕背景 – 竖耳朵图片 4 | cat_listen4.jpg | |
| | 屏幕背景 – 竖耳朵图片 5 | cat_listen5.jpg | |

续表

| 类别 | 素材说明 | 素材名称 | 备注 |
| --- | --- | --- | --- |
| 背景图片 | 屏幕背景 – 竖耳朵图片 6 | cat_listen6.jpg | |
| | 屏幕背景 – 竖耳朵图片 7 | cat_listen7.jpg | |
| | 屏幕背景 – 竖耳朵图片 8 | cat_listen8.jpg | |
| | 屏幕背景 – 竖耳朵图片 9 | cat_listen9.jpg | |
| | 屏幕背景 – 竖耳朵图片 10 | cat_listen10.jpg | |
| | 屏幕背景 – 竖耳朵图片 11 | cat_listen11.jpg | |
| 按钮音频文件 | 动作按钮 – 打一拳 | da.wav | |
| | 动作按钮 – 抚摸 | mo.wav | |
| | 动作按钮 – 逗它 | dou.wav | |

# 3.3　程序的布局设计

## 3.3.1　清单设计

会说话的猫的程序组件列表清单如表 3-2 所列。

表 3-2　屏幕的组件列表

| 类别 | 分类 | 组件类型 | 组件名称 | 备注 |
| --- | --- | --- | --- | --- |
| 可视组件 | 动作按钮 | 界面布局 – 水平布局 | 水平布局 1 | |
| | | 用户界面 – 按钮 | 眨眼 | |
| | | 用户界面 – 按钮 | 竖耳朵 | |
| | | 用户界面 – 按钮 | 打一拳 | |
| | | 用户界面 – 按钮 | 抚摸 | |
| | | 用户界面 – 按钮 | 逗它 | |
| 非可视组件 | 音频播放器 | 多媒体 – 音频播放器 | 音频播放器 | |
| | 计时器 | 传感器 – 计时器 | 眨眼计时器 | |
| | | 传感器 – 计时器 | 竖耳朵计时器 | |

## 3.3.2 布局过程

1. 新建项目

打开 App Inventor 开发环境，单击“项目”→“新建项目”，为项目命名为“Tom”，如图 3-2 所示。

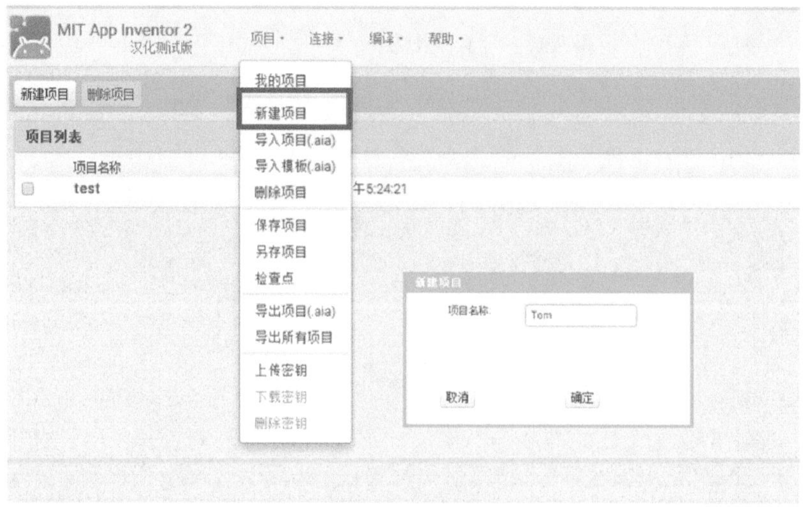


图 3-2 新建项目

2. 上传素材

新建项目后我们会自动进入项目首页，单击“上传文件”按钮（如图 3-3 所示位置），打开“上传文件”对话框。再单击“选择文件”按钮，选择好文件之后单击“确定”按钮，将所有需要的素材都上传到项目中。

图 3-3 上传素材

3. 总体设置

首先在组件列表中，用鼠标选中“Screen1”，然后到最右边的“属性面板”中，把“应用名称”改为“会说话的汤姆猫”，把“背景图片”设置为“cat.jpg”，如图 3-4 所示。

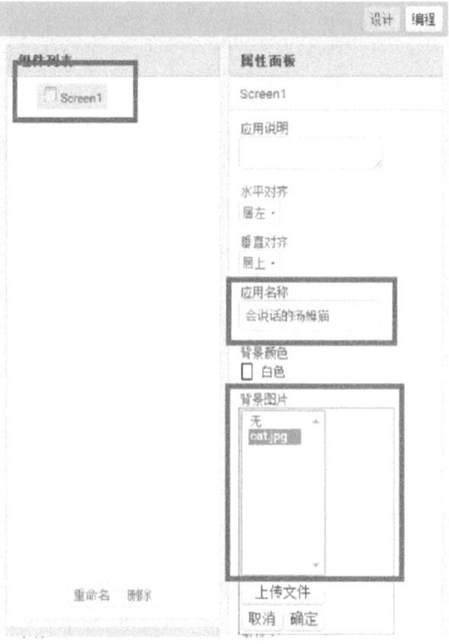


图 3-4　总体设置

4. 动作按钮布局

（1）创建水平布局，并设置属性。单击“组件面板”→“界面布局”→“水平布局”，将“水平布局”拖曳到屏幕中，如图 3-5 所示，然后把“水平布局”的宽度设置为“充满”，如图 3-6 所示。

图 3-5　创建水平布局

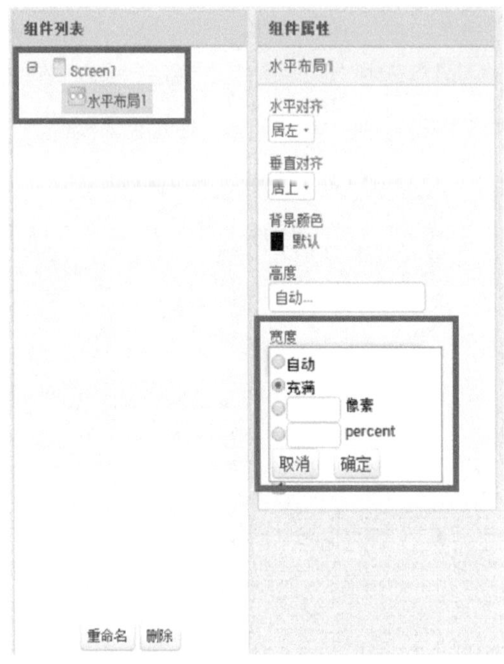


图 3-6　设置水平布局

（2）创建按钮，并设置组件的属性。单击“组件面板”→“用户界面”→“按钮”，将“按钮”拖曳到“水平布局 1”布局中，然后在“组件列表”中选中按钮组件，单击“重命名”按钮，将组件的名称改为“眨眼”，并且在“组件属性”中将组件的“文本”修改为同样的名字，即眨眼如图 3-7 所示。

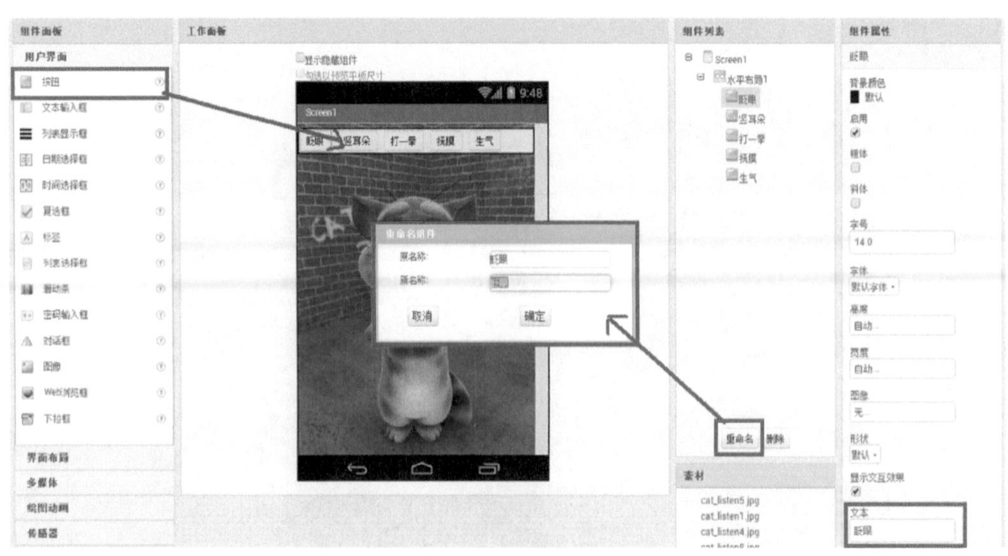


图 3-7　创建并设置按钮

（3）使用同样的步骤创建剩余按钮。

5. 查看布局效果

单击“连接”→“USB 端口”，启动手机上的“AI 伴侣”，完成后的布局效果如图 3-8 所示。

图 3-8　布局效果图

图 3-9　创建音频播放器

6. 添加音频播放器

创建音频播放器；单击“组件面板”→“多媒体”→“音频播放器”，将“音频播放器”拖曳到“Screen1”布局中，如图 3-9 所示。

7. 添加计时器

创建并设置计时器：单击“组件面板”→“传感器”→“眨眼计时器”，将“眨眼计时器”拖曳到“Screen1”布局中，然后对计时器进行更名，并将计时器的“一直计时”和“启用计时”取消选中状态，将“计时间隔”设为 100，如图 3-10 所示。

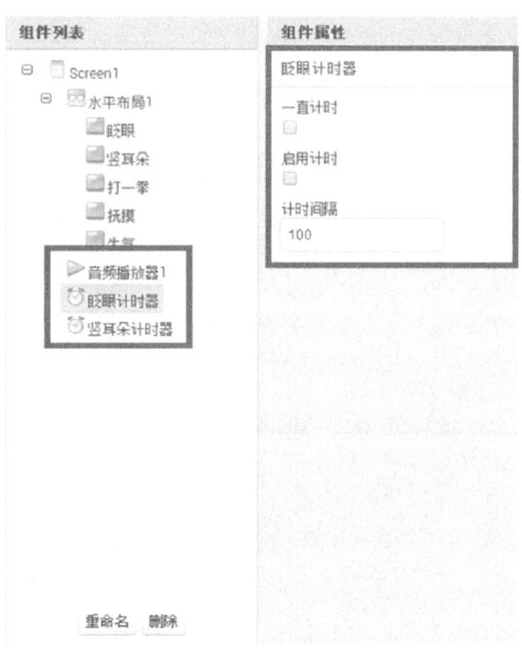


图 3-10　创建并设置计时器

# 3.4 任务操作

## 3.4.1 新功能块清单

会说话的汤姆猫的程序中功能块列表清单如表 3-3 所列。

表 3-3 屏幕的功能块清单列表

| 类别 | 分类 | 组件名称 | 组件名称 | 组件说明 | 备注 |
| --- | --- | --- | --- | --- | --- |
| Screen1 | 非可视－计时器 | 眨眼计时器 | 当 眨眼计时器 到达计时点时 执行 | 当按钮到达计时点的处理 | |
| | | | 设 眨眼计时器 的 启用计时 为 | 设置计时器是否启用状态 | |
| | | | 设 眨眼计时器 的 一直计时 为 | 设置计时器是否一直计时 | |
| | | 其他计时器同上 | 此处省略 | | |
| | 屏幕 | Screen1 | 设 Screen1 的 背景图片 为 | 设置屏幕的背景图片 | |
| 内置块 | 文本 | 拼字串 | 拼字串 | 将所有输入项拼接成一个字符串文本 | |
| | 数学 | 数字 | 0 | 输出所输入的数字 | |
| | | 等于号 | 等于 | 判断两边数值是否相等 | |
| | | 加法 | + | 求两个数的和 | |
| | 变量 | 全局变量 | 声明全局变量 我的变量 为 | 创建一个全局变量 | |
| | | 设置变量 | 设 为 | 使变量的值等于输入项 | |
| | | 取变量值 | | 取变量的值来使用 | |

续表

| 类别 | 分类 | 组件名称 | 组件名称 | 组件说明 | 备注 |
| --- | --- | --- | --- | --- | --- |
| 内置块 | 逻辑 | 真和假 | 真<br>假 | 设置对象属性为真或假 | |
| | 控制 | 如果…则… | 如果<br>则 | 如果条件成立则执行 | |

### 3.4.2　编程操作

1. 完成按钮“眨眼被点击时”模块的处理

（1）进入“Screen1”→“眨眼”，选择“当眨眼按钮被点击时执行”模块，并将它拖入到编程区域中，如图 3-11 所示。

（2）单击“眨眼计时器”，将“设眨眼计时器的一直计时”模块和“设眨眼计时器的启用计时”模块拼接到“当眨眼被点击时执行”模块的执行后面，如图 3-12 所示。

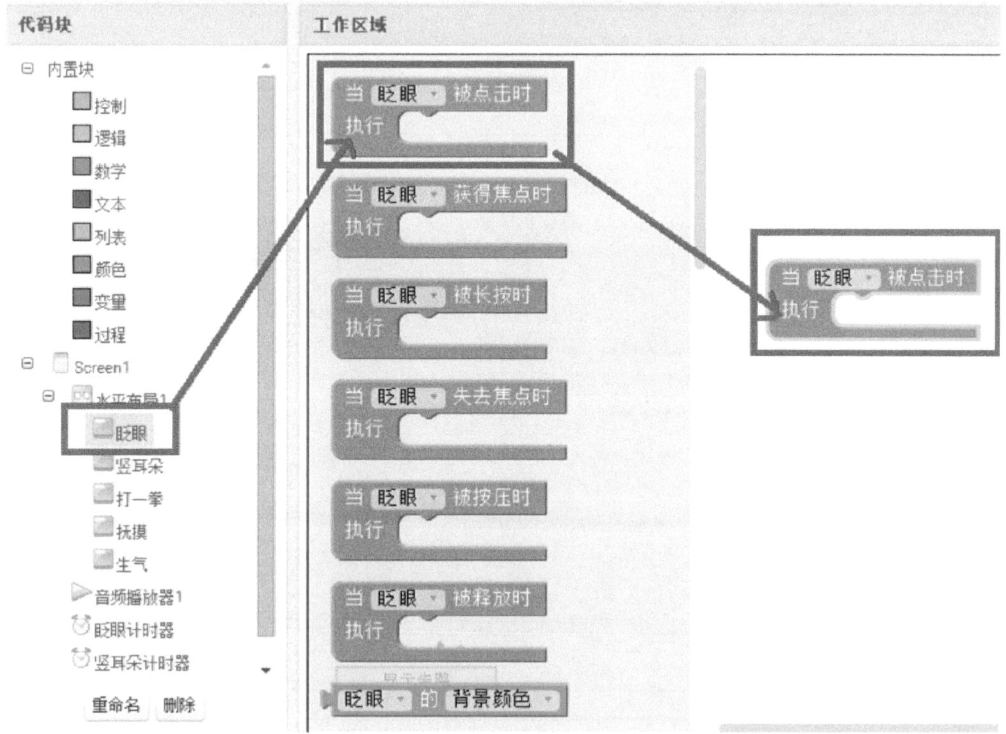

图 3-11　拖取按钮“眨眼”被点击模块

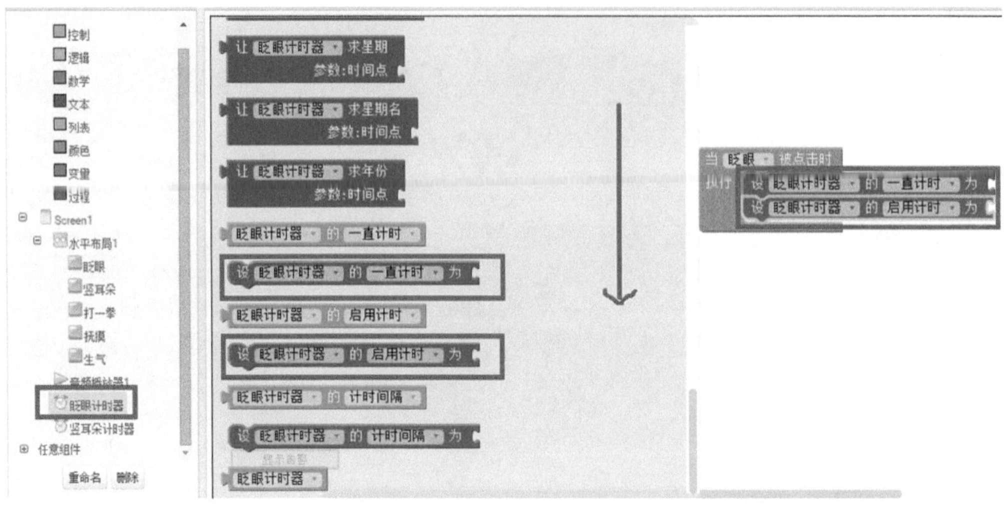

图 3-12　设置计时器的属性

（3）单击“内置块”→“逻辑”，将两个“真”模块分别拼接到前面“眨眼计时器”两个模块后面，如图 3-13 所示。

2. 完成“眨眼计时器”启用后的处理

（1）首先我们需要一个全局变量。单击“内置块”→“变量”，将“声明全局变量”模块拖放到工作区域，如图 3-14 所示。

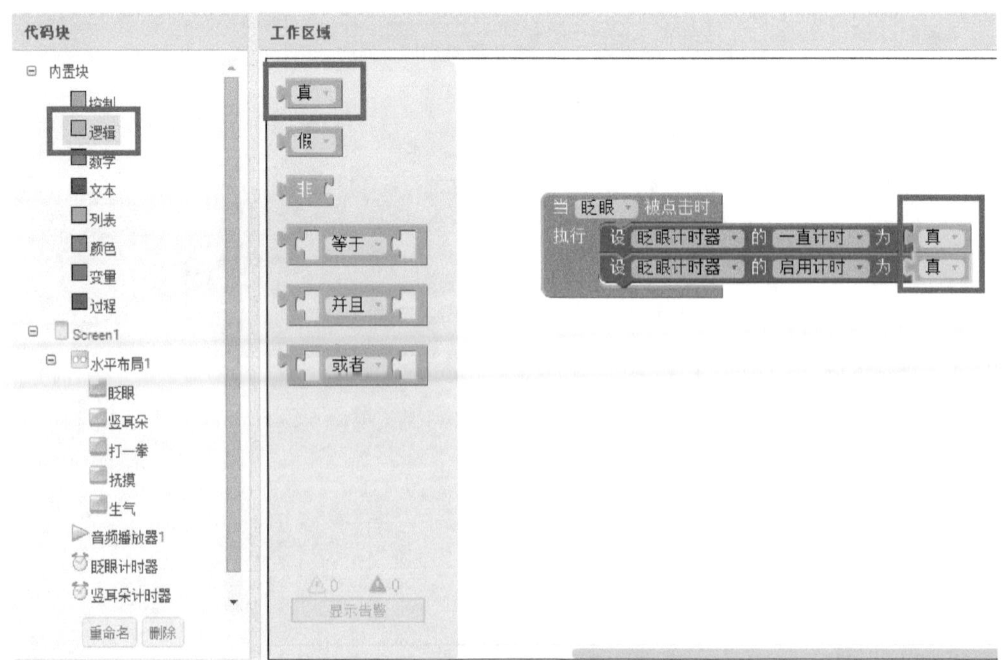

图 3-13　设置计时器的属性值

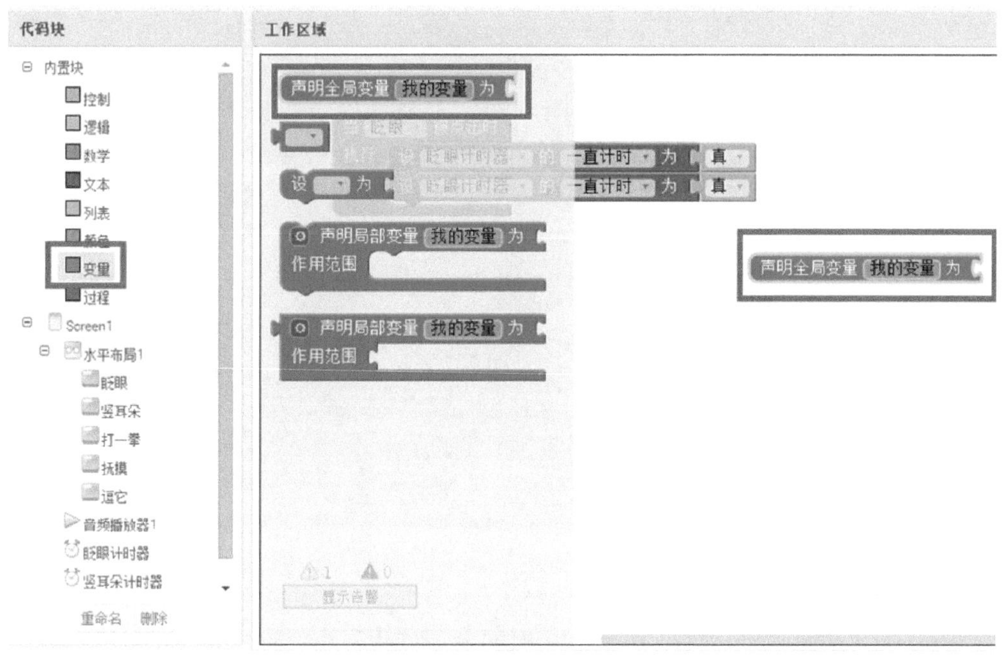


图 3-14　声明全局变量

（2）进入“内置块”→“数学”，将“数字”模块拼接到全局变量“我的变量”后面，然后将“我的变量”改为“眨眼 index”，如图 3-15 所示。

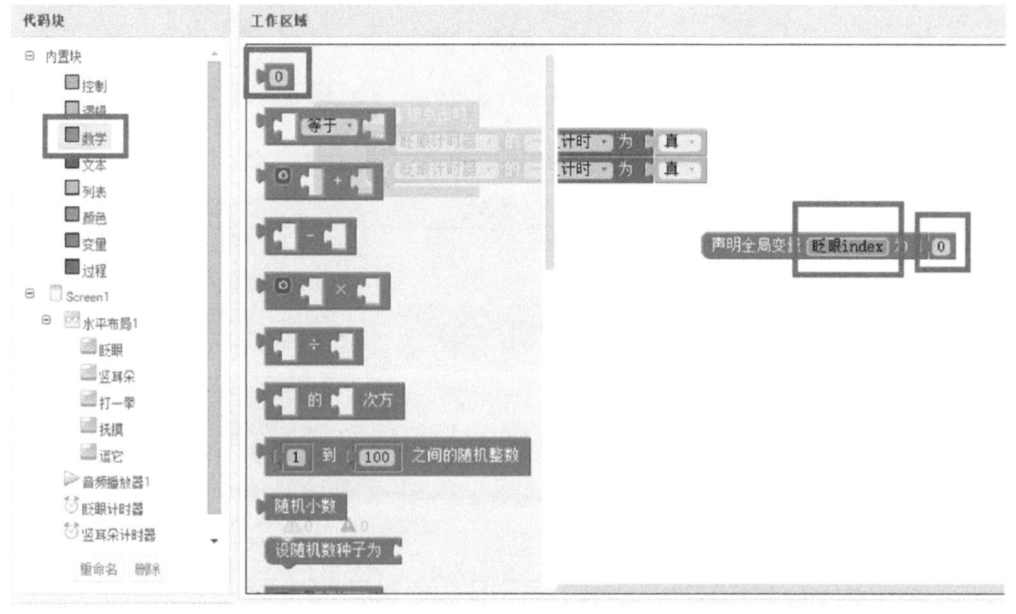


图 3-15　初始化全局变量

（3）单击“Screen1”→“眨眼计时器”，拖取“当眨眼计时器到达计时点时执行”模块，如图 3-16 所示。

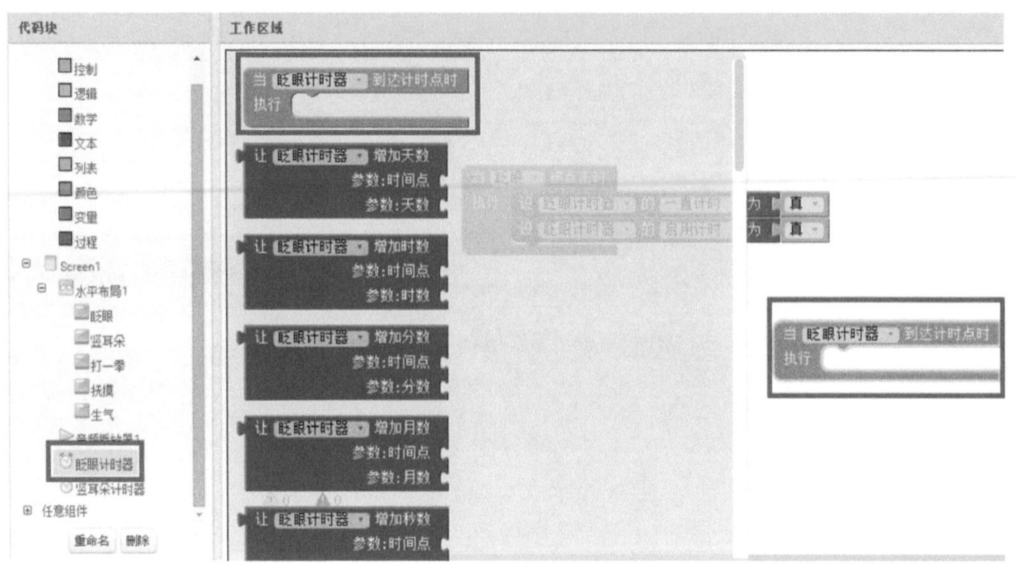

图 3-16　设置字符串模块值

（4）设置眨眼 index 变量。进入“内置块”→“变量”，将“设…为…”模块拼接到计时器事件里面，然后选取变量为“眨眼 index”，如图 3-17 所示，接着在“数字”抽屉中将“加法”模块拼接到变量后面，如图 3-18 所示，接着将“加法”模块完善，如图 3-19 所示。

（5）添加“判断”模块。进入“逻辑”抽屉，将“如果…则…”模块拼接到设置变量后面，然后单击该模块中的蓝色设置小按钮，打开选择框，将代码块拼接上去，拓展模块，如图 3-20 所示。

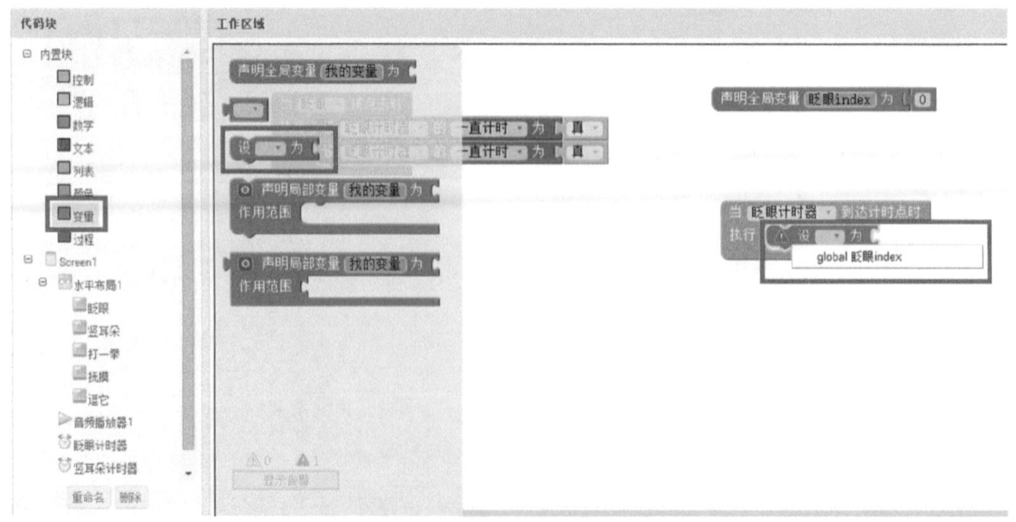

图 3-17　设置全局变量

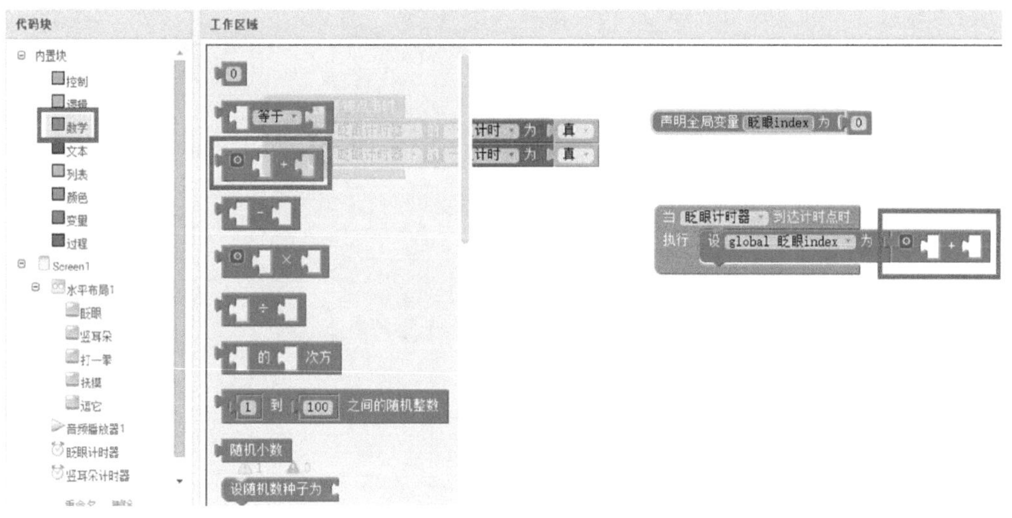

图 3-18　添加加法

图 3-19　完善加法

（6）完善“如果”部分。打开“数学”抽屉，将“等于”模块拼接到“如果”模块后面，如图 3-21 所示，然后参照图 3-22 所示完善“如果”模块部分。

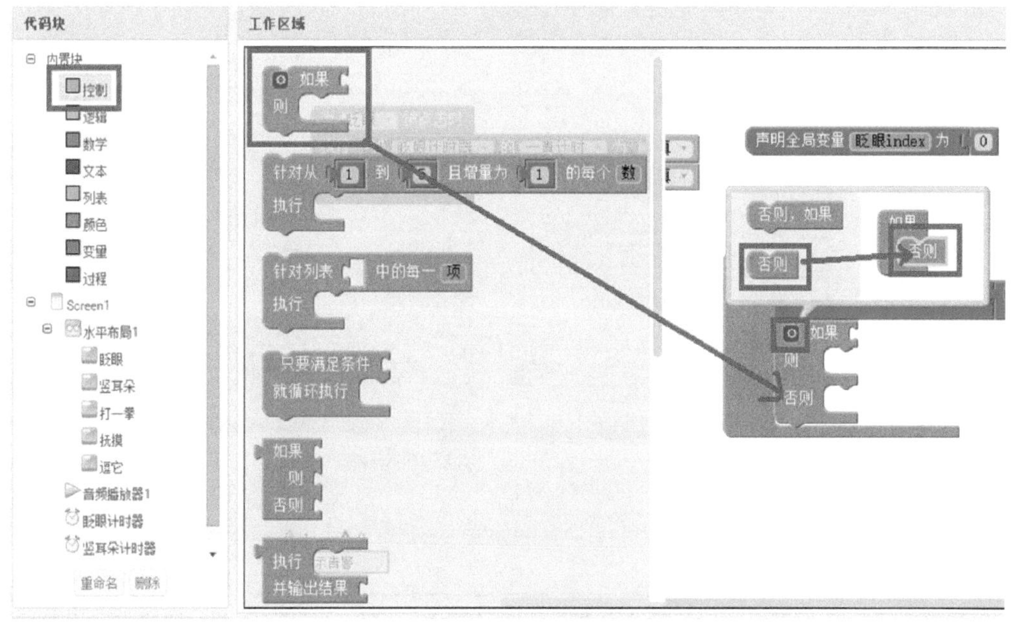

图 3-20　添加“判断”模块

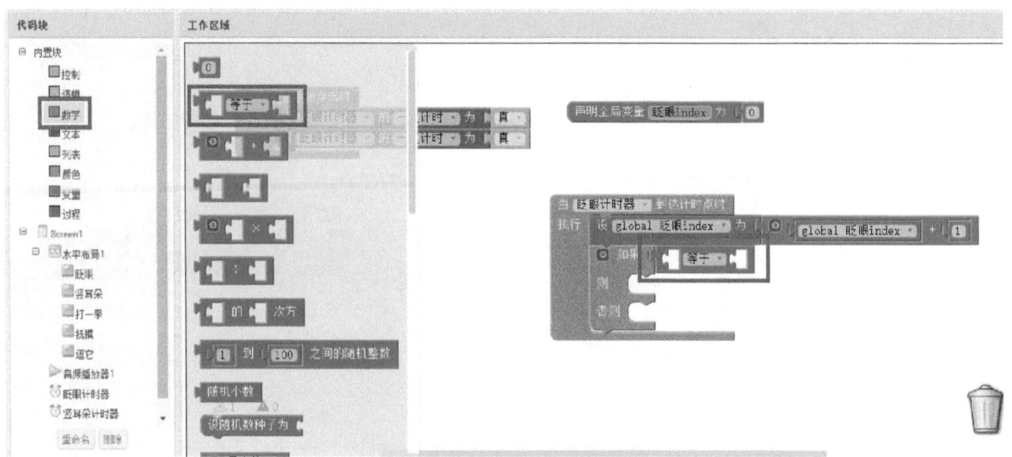

图 3-21　添加“等于”模块

图 3-22　完善“如果”模块部分

（7）完善“则”模块部分。单击“Screen1”打开“屏幕”抽屉，将“设 Screen1 的背景图片”模块拼接到“则”下面，如图 3-23 所示。然后打开“文本”抽屉，将“文本”模块拼接到后面，然后将文本改为“cat.jpg”，如图 3-24 所示。

（8）继续完善“则”部分。参照图 3-25 所示代码块，拼接好“则”部分。

（9）完善“否则”部分，具体设置如图 3-26 所示，相关介绍从略。

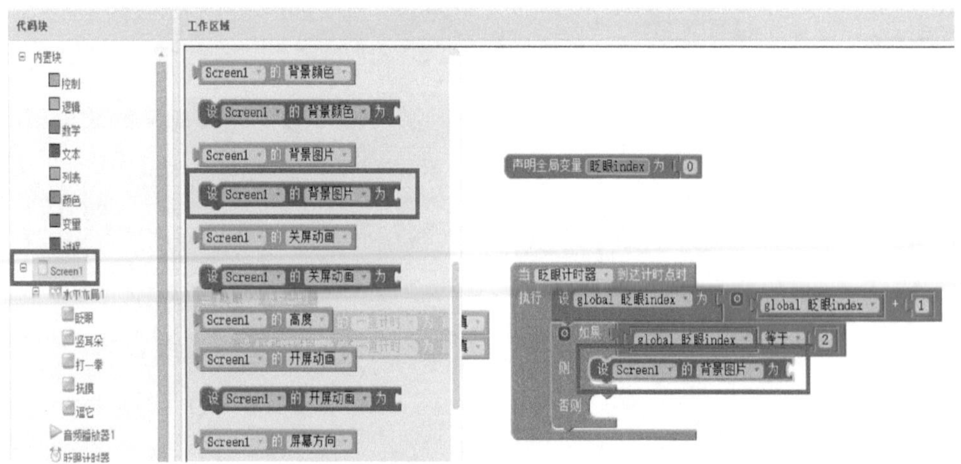

图 3-23　完善“则”部分 1

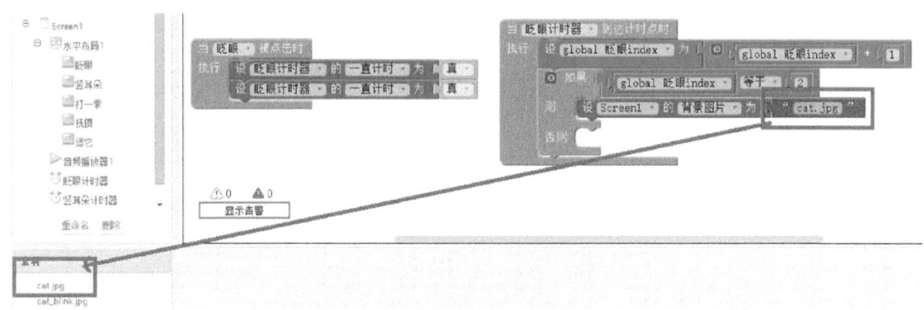

图 3-24　完善“则”部分 2

图 3-25　完善的“则”部分



图 3-26　完善的“否则”部分

3. 完成按钮“当竖耳朵被点击时”模块的处理，如图 3-27 所示。

具体步骤可参照 1. 完成按钮“眨眼被点击时”模块的处理。

图 3-27　设置“竖耳朵”被点击事件

4. 完成“当竖耳朵计时器”启用后的处理

（1）参照 2. 完成“眨眼计时器”启用后的处理，完成“如果”和“则部分”，如图 3-28 所示。

图 3-28　完成“如果”，“则”部分

（2）完成“否则”部分。打开“文本”抽屉，将“拼字串”模块拼接到“设 Screen1 的背景图片为”模块后面，如图 3-29 所示。然后单击模块上的蓝色设置小图标，打开选择框，拼接代码，使“拼字串”模块的缺口变为 3 个，如图 3-30 所示，然后参照图 3-31 完善“否则”部分。

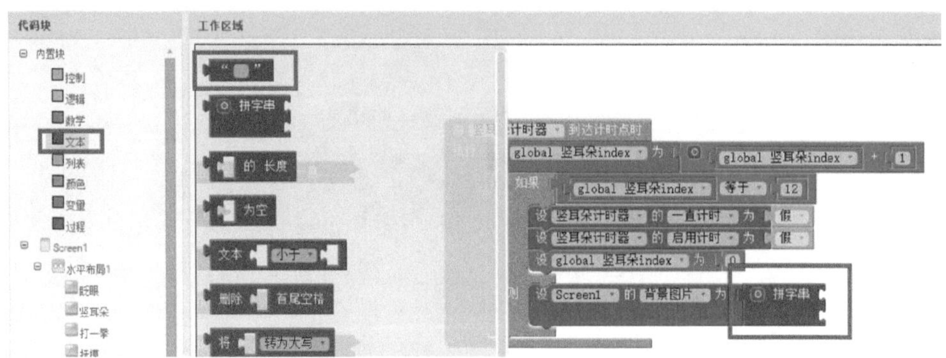


图 3-29　拼接“拼字串”模块

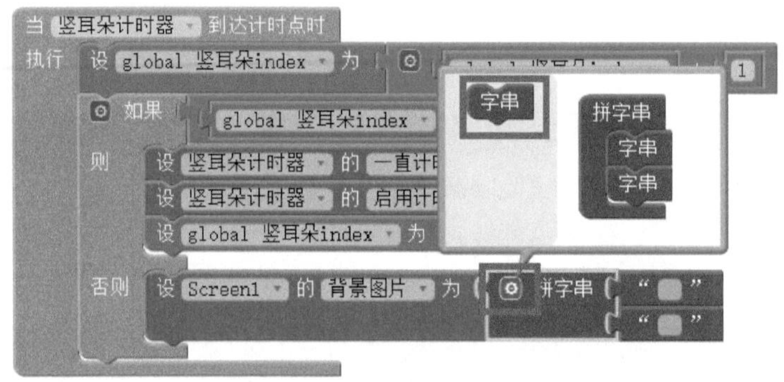


图 3-30　增加“拼字串”的缺口

图 3-31　完善“否则”部分

5. 完成“当打一拳被点击时”的处理

根据前面所学的知识，完成“当打一拳被点击时”的处理，如图 3-32 所示。

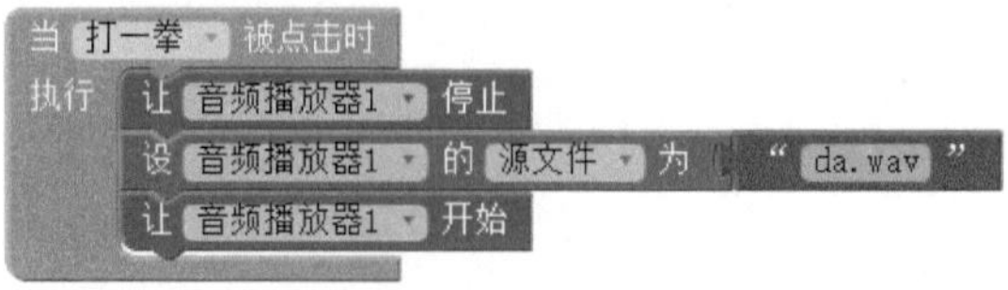

图 3-32　完成“打一拳被点击时”的处理

### 6. 完成“当抚摸被点击时”的处理

同样的，完成“当抚摸被点击时”的处理，如图 3-33 所示。

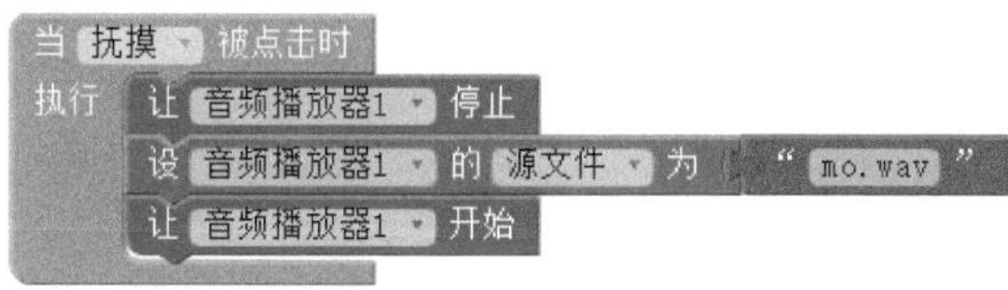


图 3-33　完成“当抚摸被点击时”的处理

### 7. 完成“当逗它”按钮被点击时的处理

根据前面所学知识，完成“当逗它被点击时”的处理，如图 3-34 所示。

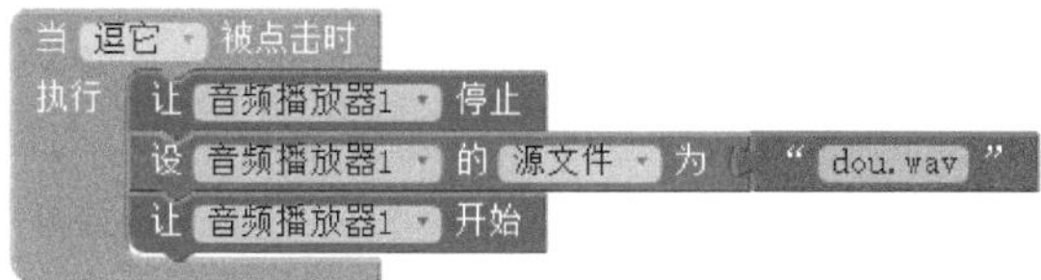


图 3-34　完成“当逗它被点击时”的处理

# 第 4 章

# 别踩白格

**本章目标**

1. 掌握表格布局的方法。
2. 掌握列表的使用。
3. 掌握定义过程的使用。
4. 掌握随机数的使用。
5. 掌握对话框的使用。

# 4.1 任务描述

本章的内容是制作一个小游戏，本程序的运行如图 4-1 所示。

图 4-1　游戏运行效果

游戏说明：游戏中有 4 个格子，格子的颜色会不停地变化。每次点击黑格可以得 10 分，点击白格则游戏结束。

# 4.2 程序的布局设计

## 4.2.1 清单设计

别踩白格小游戏组件列表清单如表 4-1 所列。

表 4-1　别踩白格小游戏组件列表清单

| 类别 | 分类 | 组件类型 | 组件名称 | 备注 |
|---|---|---|---|---|
| 可视组件 | 屏幕 | 组件布局 - 水平布局 | 水平布局 1 | |
| | | 用户界面 - 标签 | 得分 | |
| | | 用户界面 - 标签 | 分数 | |
| | | 用户界面 - 按钮 | 按钮 1–4 | |
| 不可视组件 | 传感器 | 传感器 - 计时器 | 计时器 1 | |
| | 屏幕 | 用户界面 - 对话框 | 对话框 1 | |

## 4.2.2　布局过程

1. 新建项目

打开 App Inventor 开发环境，单击“项目”→“新建项目”，为项目命名为“baige”。

2. 界面布局

（1）在“Screen1”属性面板中把应用名称改为“别踩白格”。

（2）创建并设置“水平布局 1”。打开“组件布局”，将“水平布局”组件拖到工作面板中，然后将“水平布局 1”的“垂直对齐”改为“居中”，将“高度”设置为“80 像素”，“宽度”设置为“充满”，如图 4-2 所示。

（3）创建并设置“得分”标签。打开“用户界面”，将“标签”组件拖到“水平布局 1”中，重命名为“得分”，设置“字号”为 20 粗体，“文本”改为“得分：”，如图 4-3 所示。

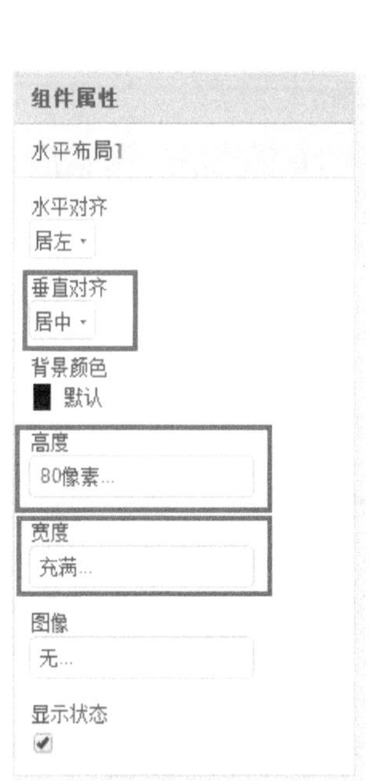
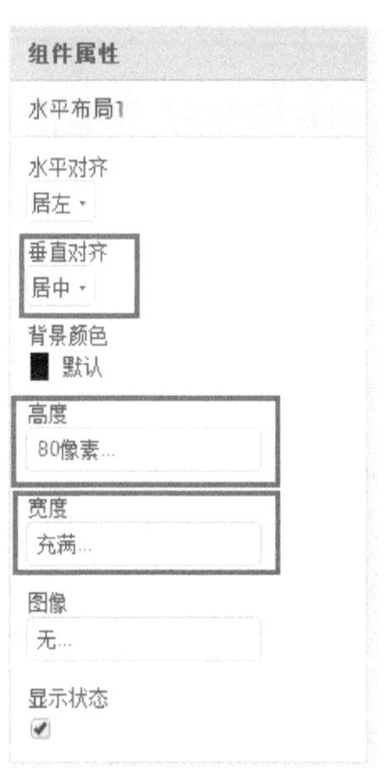


图 4-2　设置“水平布局 1”组件

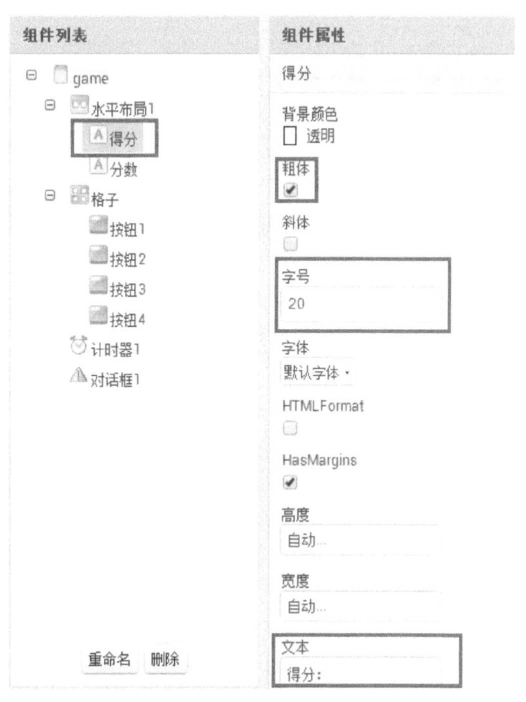


图 4-3　设置“得分”组件

（4）创建并设置“分数”标签。将“标签”组件拖到“水平布局 1”中，重命名为“分数”，然后设置其属性，如图 4-4 所示。

（5）创建并设置“格子”表格布局。拖取表格布局，将“列数”和“行数”都设为 2，“高度”和“宽度”都设为 320 像素，如图 4-5 所示。

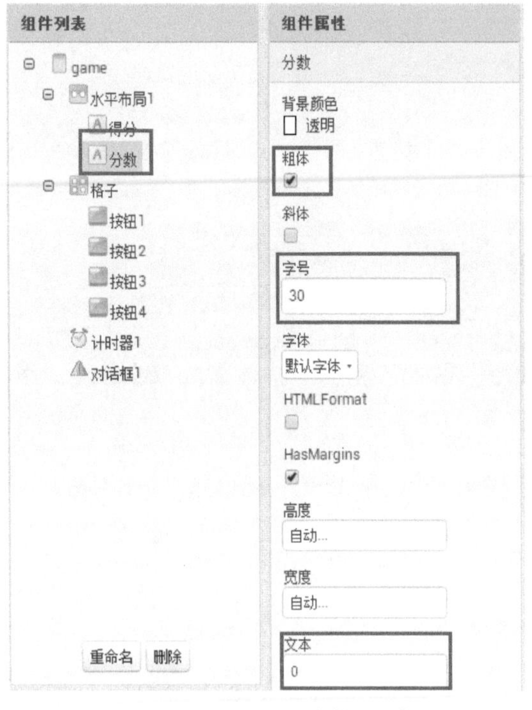


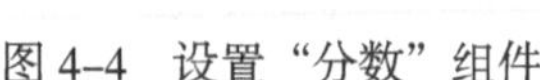
图 4-4　设置“分数”组件

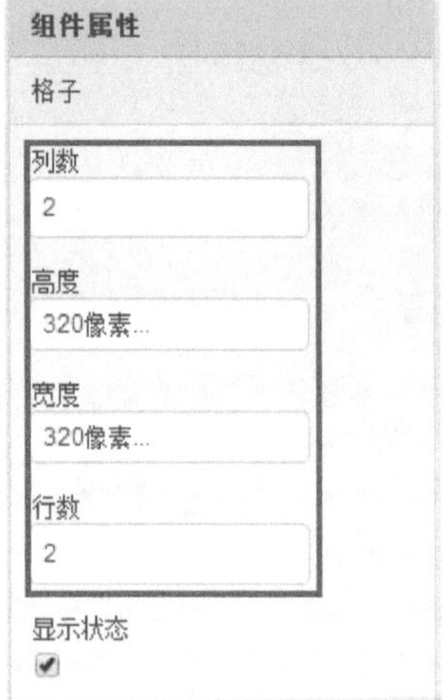


图 4-5　设置“格子”表格布局

（6）创建并设置 4 个“按钮”。拖取 4 个“按钮”组件放置到“格子”表格布局中，每个按钮的“宽度”、“高度”都设置为 160 像素，如图 4-6 所示。

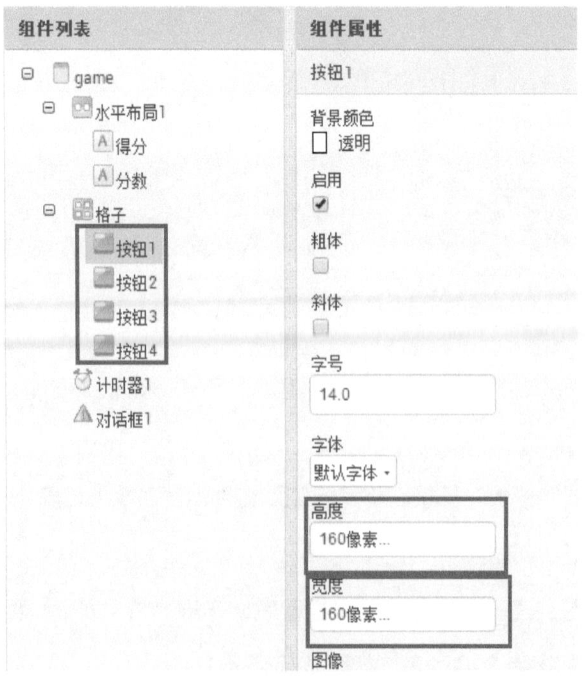


图 4-6　设置 4 个“按钮”

（7）创建“计时器 1”计时器。打开“传感器”，将“计时器”拖到工作面板。

（8）创建“对话框 1”对话框。打开“用户界面”，将“对话框”拖到工作面板。

（9）布局完成界面，如图 4-7 所示。

图 4-7　布局完成界面

# 4.3　任务操作

## 4.3.1　新功能块清单

别踩白格游戏的功能块列表清单如表 4-2 所示。

表 4-2　屏幕的功能块清单列表

| 类别 | 分类 | 组件名称 | 组件名称 | 组件说明 | 备注 |
| --- | --- | --- | --- | --- | --- |
| 屏幕 | 屏幕 | 当屏幕初始化时 | 当 Screen1 . 初始化<br>执行 | 屏幕初始化时执行指定代码 | |
| | 对话框 | 调用对话框 | 调用 对话框1 . 显示选择对话框<br>消息<br>标题<br>按钮1文本<br>按钮2文本<br>允许撤销 true | 调用一个对话框，让其显示在屏幕中 | |
| | | 当对话框选择完成 | 当 对话框1 . 选择完成<br>选择值<br>执行 | 在对话框选择完成时进行的事件处理 | |

续表

| 类别 | 分类 | 组件名称 | 组件名称 | 组件说明 | 备注 |
|---|---|---|---|---|---|
| 内置块 | 控制 | 循环取列表项 | 循环取 列表项 列表为<br>执行 | 顺序循环取指定列表的列表项，直到取到最后一项才停止 | |
| | 过程 | 定义我的过程 | 定义过程 我的过程<br>执行 | 定义一个过程，这个过程可以反复调用 | |
| | | 调用我的过程 | 调用 我的过程 | 调用定义好的过程 | |
| | 列表 | 随机选取列表项 | 随机选取列表项 列表 | 随机指定列表的列表项 | |
| | 数学 | 随机整数 | 随机整数从 1 到 100 | 在指定范围内取随机整数 | |
| 任意组件 | 任意按钮 | 设按钮背景颜色 | 设按钮. 背景颜色<br>组件<br>为 | 设置任意指定按钮的背景颜色 | |
| | | 按钮背景颜色 | 按钮. 背景颜色<br>组件 | 取指定按钮的背景颜色 | |

## 4.3.2 编程操作

1. 屏幕初始化时创建两个列表

创建“颜色”列表和“按钮”列表，存放需要的颜色和按钮，如图 4-8 所示。

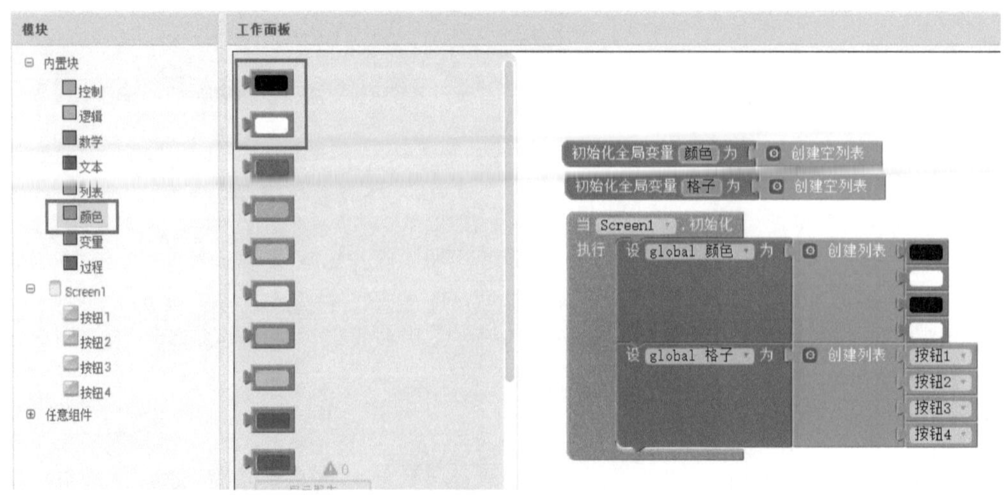


图 4-8 创建“颜色”和“按钮”列表

2. 设计“计时器 1”到达计时点事件

（1）打开“内置块”→“控制”抽屉，拖取“循环取列表项”模块完成拼接，如图 4-9 所示。

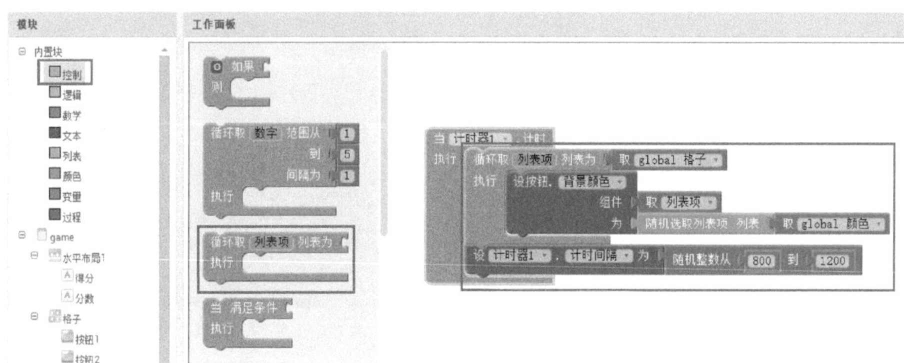


图 4-9　拖取“循环取列表项”模块

（2）打开“任意组件”→“任意按钮”抽屉，拖取“设按钮背景颜色”模块完成拼接，如图 4-10 所示。

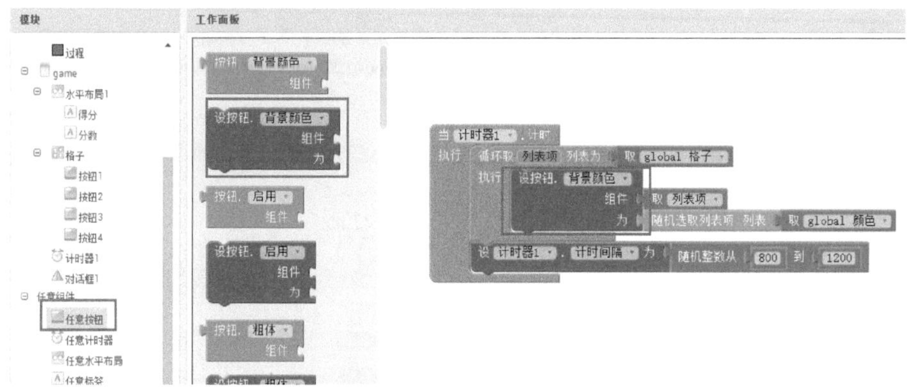


图 4-10　拖取“设按钮背景颜色”模块

（3）打开“内置块”→“任意列表”抽屉，拖取“随机选取列表项”模块完成拼接，如图 4-11 所示。

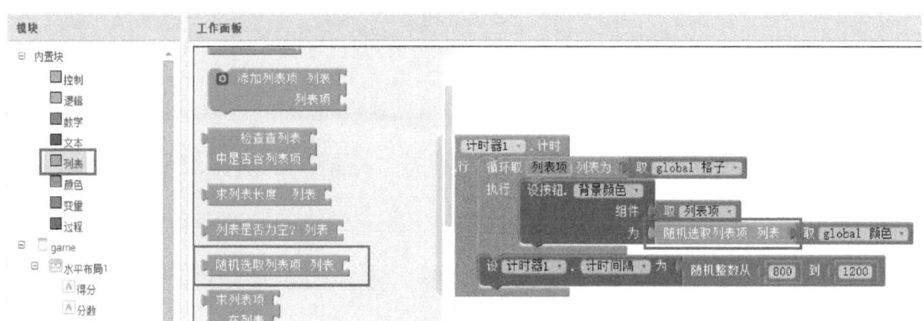


图 4-11　拖取“随机选取列表项”模块

（4）打开“内置块”→“数学”抽屉，拖取“随机整数”模块完成拼接，如图 4-12 所示。

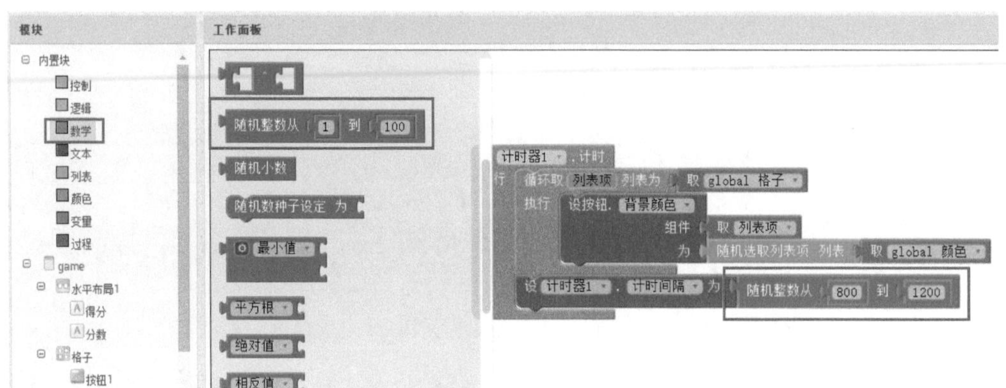

图 4-12　拖取“随机整数”模块

3. 定义“判断颜色”过程

（1）创建全局变量“被点击按钮”，如图 4-13 所示。

初始化全局变量 被点击按钮 为 0

图 4-13　创建全局变量“被点击按钮”

（2）打开“内置块”→“过程”抽屉，拖取“定义我的过程”模块，并更名为“判断颜色”，如图 4-14 所示。

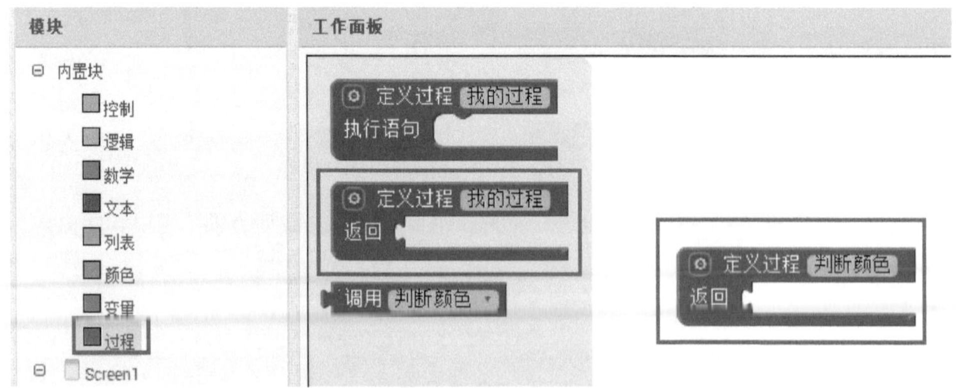

图 4-14　拖取“定义我的过程”模块

（3）打开“任意组件”→“任意按钮”抽屉，拖取“按钮背景颜色”模块，按照图 4-15 完成拼接。

（4）打开屏幕“Screen1”→“对话框”抽屉，将“调用对话框显示选择对话框”组件拖取拼接，如图 4-16 所示。

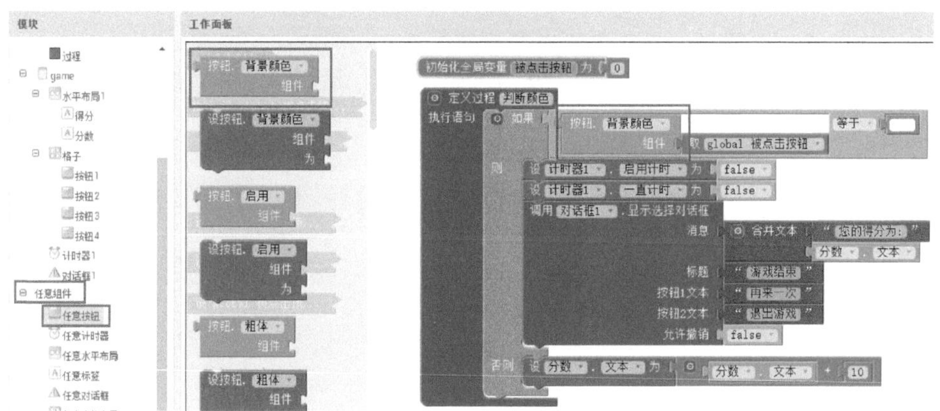


图 4-15　拖取“按钮背景颜色”模块

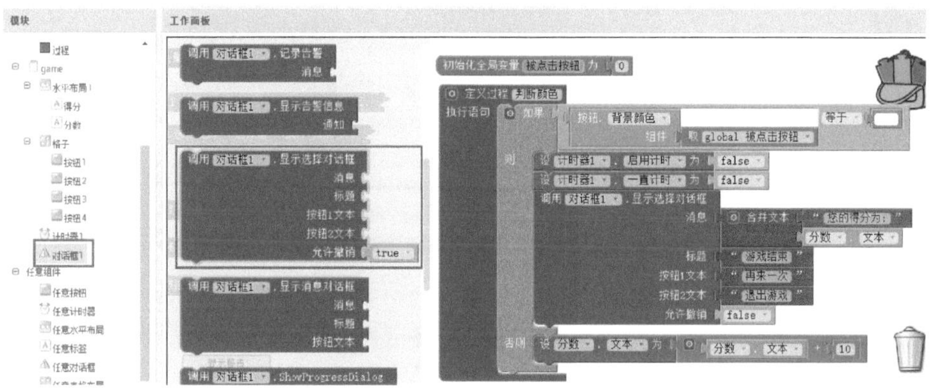


图 4-16　拖取“调用对话框显示选择对话框”组件

（5）参照图 4-17 所示完成“判断颜色”过程。

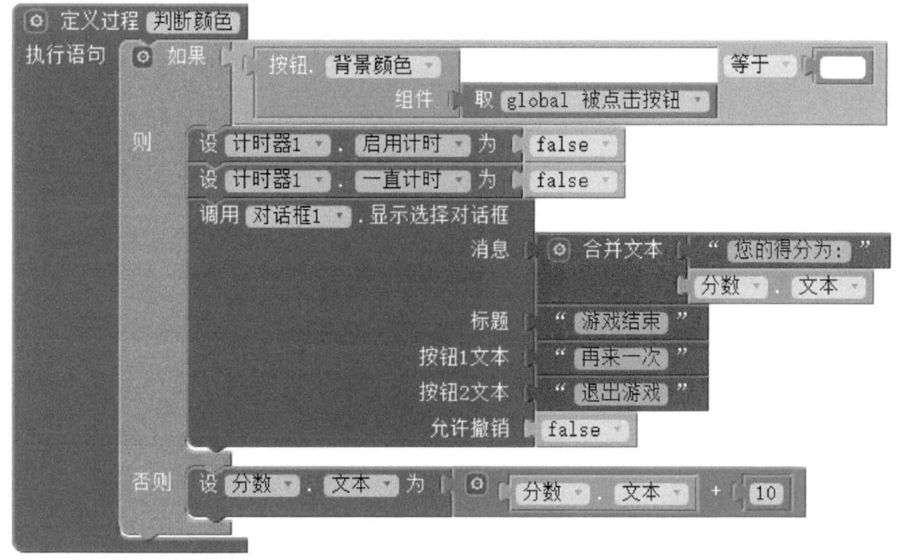


图 4-17　完成“判断颜色”过程

4. 设计“按钮被按压”事件

（1）打开“内置块”→“过程”抽屉，拖取“调用判断颜色”模块完成拼接，如图 4-18 所示。

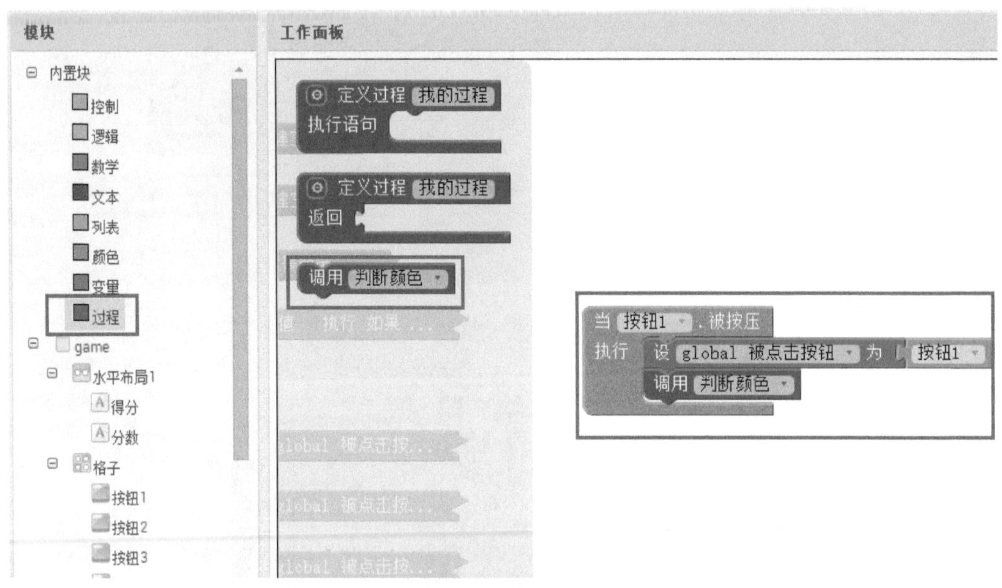


图 4-18 拖取“调用判断颜色”模块

（2）其他三个按钮参照图 4-18 完成设置。

5. 设计“当对话框 1 选择完成”事件

当对话框选择完成时，我们需要判断所选择的项以及对应的时间，参照图 4-19 所示完成代码拼接。

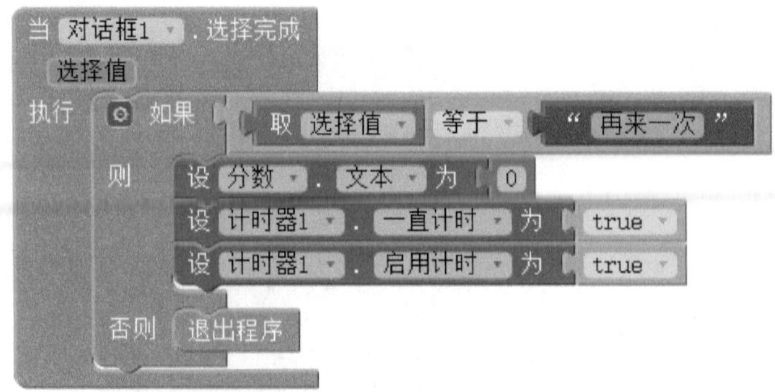


图 4-19 对话框选择完成

# 第 5 章 快乐打地鼠

**本章目标**

1. 掌握 App Inventor 中的布局方法。
2. 掌握画布精灵的属性设置方法。
3. 掌握画布精灵的事件处理方法。
4. 掌握定时器的使用方法。

# 5.1 任务描述

本章的内容是开发一个快乐打地鼠的小游戏，其中打中灰色地鼠得 10 分，打中红色地鼠减 10 分，游戏的时间设置为 60 秒，本程序的运行如图 5-1 所示。

图 5-1 快乐打地鼠运行效果

# 5.2 开发前的素材准备工作

欢乐打地鼠的开发所需要的素材如表 5-1 所示。

表 5-1 素材列表

| 类别 | 素材说明 | 素材名称 | 备注 |
|---|---|---|---|
| 背景图片 | 欢乐打地鼠界面背景 | bg.png | |
| | 地洞背景 | hole.png | |
| | 普通地鼠背景（加分） | mouse1.png | |
| | 普通地鼠被击中背景（加分） | mouse2.png | |
| | 特殊地鼠背景（减分） | redmouse1.png | |
| | 特殊地鼠被击中背景（减分） | redmouse2.png | |
| 音频文件 | 地鼠被击中 | beat.wav | |

# 5.3　程序的布局设计

## 5.3.1　清单设计

欢乐打地鼠游戏的程序组件列表清单如表 5-2 所示。

表 5-2　屏幕的组件列表

| 类别 | 名称 | 组件类型 | 组件名称 | 备注 |
| --- | --- | --- | --- | --- |
| 可视组件 – 组件面板<br>组件布局 – 水平布局 | 游戏记录 | 用户界面 – 标签 | 标签 1 | |
| | | 用户界面 – 标签 | 分数值 | |
| | | 用户界面 – 标签 | 标签 2 | |
| | | 用户界面 – 标签 | 时间值 | |
| | | 用户界面 – 标签 | 标签 3 | |
| 可视组件 – 组件面板<br>组件布局 – 水平布局 | 游戏界面 | 绘图动画 – 精灵 | 地洞 1 | |
| | | 绘图动画 – 精灵 | 地洞 2 | |
| | | 绘图动画 – 精灵 | 地洞 3 | |
| | | 绘图动画 – 精灵 | 地洞 4 | |
| | | 绘图动画 – 精灵 | 地洞 5 | |
| | | 绘图动画 – 精灵 | 地洞 6 | |
| | | 绘图动画 – 精灵 | 地洞 7 | |
| | | 绘图动画 – 精灵 | 地洞 8 | |
| | | 绘图动画 – 精灵 | 地洞 9 | |
| | | 绘图动画 – 精灵 | 地鼠 1 | |
| | | 绘图动画 – 精灵 | 地鼠 2 | |
| | | 绘图动画 – 精灵 | 地鼠 3 | |
| 非可视组件 – 组件面板 | 音频播放器 | 多媒体 – 音频播放器 | 音频播放器 | |
| 非可视组件 – 组件面板 | 计时器 | 传感器 – 计时器 | 游戏倒计时计时器 | |
| | | 传感器 – 计时器 | 地鼠 1 出洞计时器 | |
| | | 传感器 – 计时器 | 地鼠 2 出洞计时器 | |
| | | 传感器 – 计时器 | 地鼠 3 出洞计时器 | |

## 5.3.2 布局过程

1. 新建项目

（1）打开 App Inventor 开发环境，单击“项目”→“新建项目”，如图 5-2 所示。

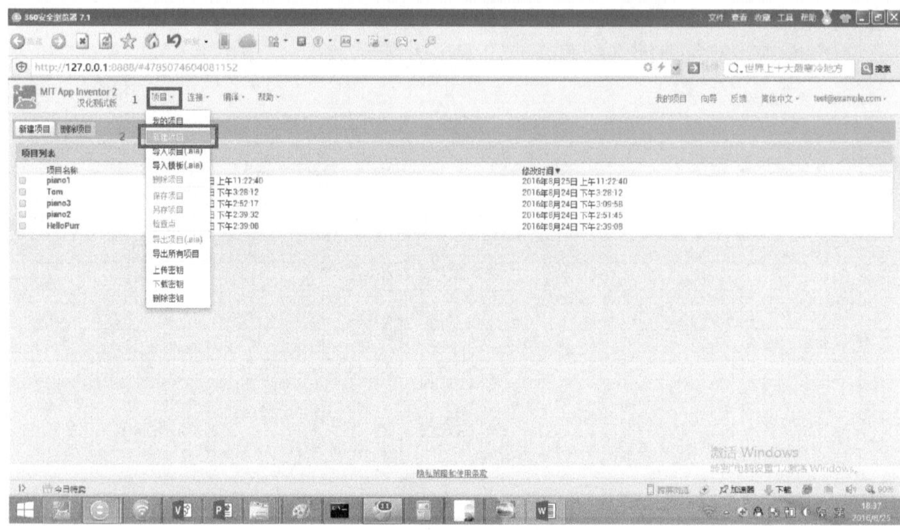

图 5-2 新建 App Inventor 项目

（2）在打开的“新建项目”对话框中，输入“dadishu”，建立一个新项目，如图 5-3 所示。

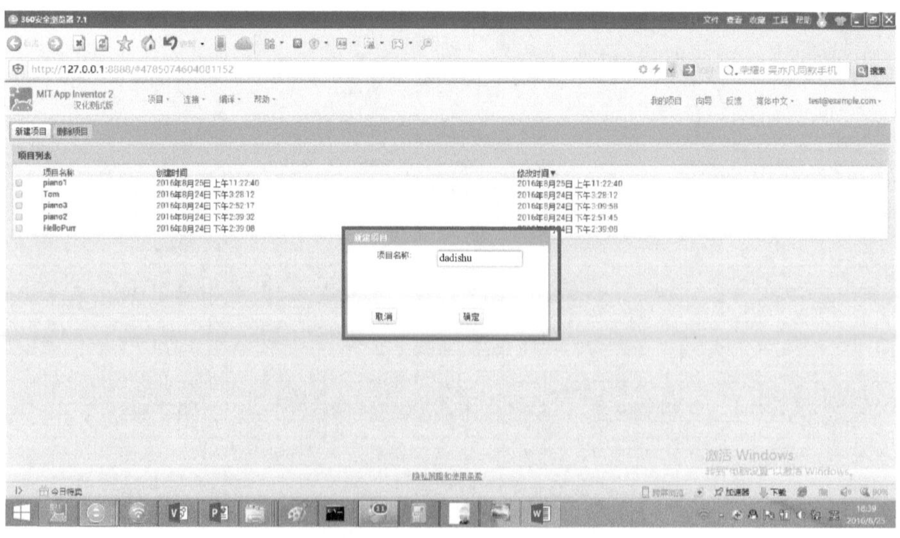

图 5-3 新建 App Inventor 项目命名

2. 游戏记录

（1）将“快乐打地鼠”→“素材库”中的所有素材添加到素材库中，如图 5-4 所示。

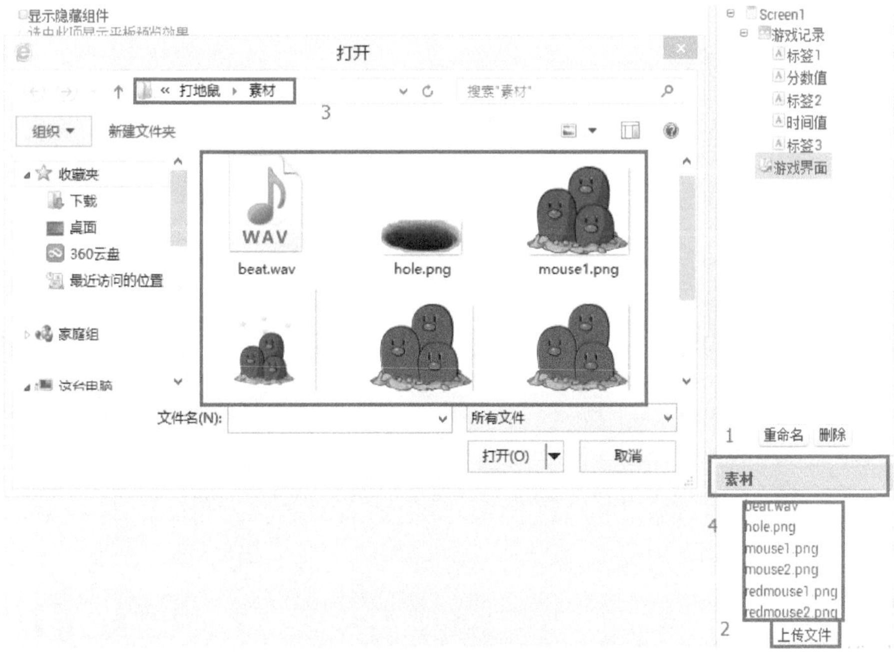

图 5-4　上传打地鼠所需要的所有素材文件

（2）设置“Screen1”的属性。单击“Sceen1”→“属性面板”，修改组件的属性，其中“屏幕方向”设置为“横屏”，“屏幕尺寸”设置为“自动调整”，“标题”设置为“快乐打地鼠”，如图 5-5 所示。

图 5-5　设置屏幕为横屏

（3）在“Screen1”下对“快乐打地鼠”进行总体布局。单击“组件面板”→“组件布局”→“水平布局”，将“水平布局”拖曳到“Screen1”中。单击“Screen1”→“水平布局”，修改组件的名字（游戏记录）和属性，其中“高度”设置为“10%”，“宽度”设置为“充满”，如图 5-6 所示。

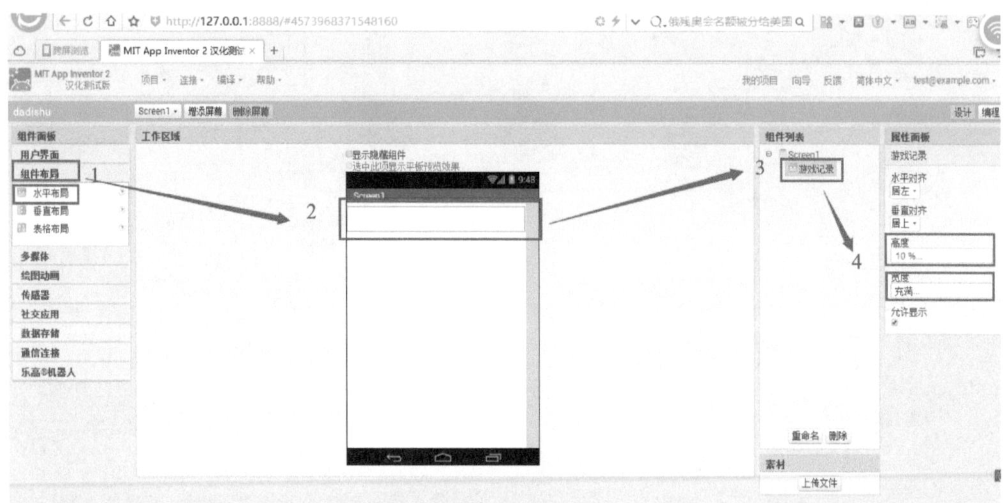

图 5-6 新建游戏记录布局

（4）在“游戏记录”下新增 5 个“标签”分别用于“分数”和“游戏剩余时间”的显示。单击“组件面板”→“组件布局”→“用户界面”，将“标签”拖曳到“游戏记录”中。单击“Screen1”→“游戏记录”→“标签”，修改组件的属性，其中 5 个“标签”“高度”等属性设置如图 5-7 所示。

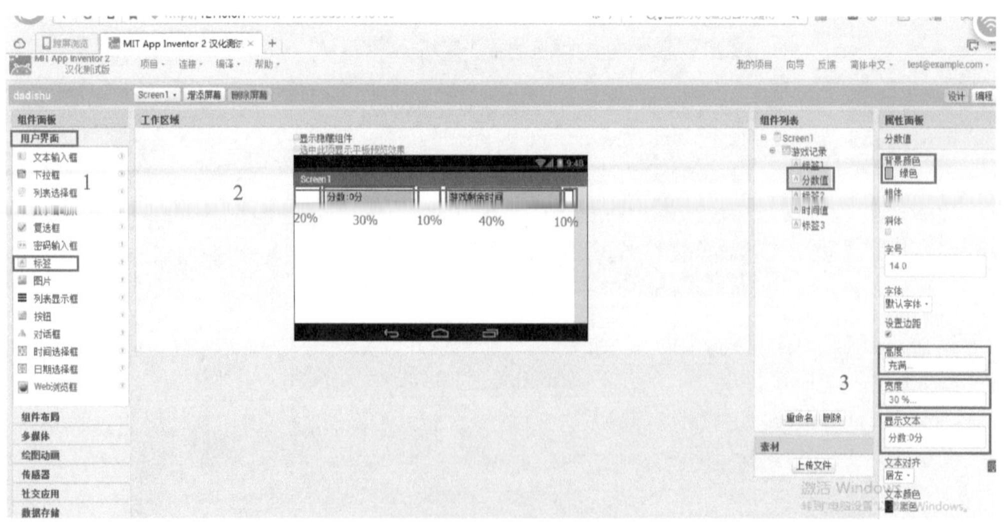

图 5-7 设置游戏记录布局

3. 游戏界面

（1）创建游戏界面。单击“组件面板”→“用户界面”→“绘画动画”，将“画布”拖曳到“Screen1”中，如图 5-8 中步骤 1 ~ 2 所示。修改组件的属性，其中“高度”设置为“90%”，“宽度”设置为“充满”，“背景”设置为“bg.png”，如图 5-8 中步骤 3 所示。

图 5-8　新建游戏界面布局

（2）新建精灵地洞。单击“组件面板”→“用户界面”→“绘画动画”，将“精灵”拖曳到“游戏界面”中，如图 5-9 步骤 1 ~ 2 所示。修改组件的属性，其中“高度”设置为“自动”，“宽度”设置为“充满”，“背景”设置为“hole.png”，“X 坐标”和“Y 坐标”分别设置为“100”和“50”，如图 5-9 步骤 3 所示。

图 5-9　新建精灵地洞并设置属性

（3）创建所有精灵地洞并设置属性。单击“组件面板”→“用户界面”→“绘画动画”，将“精灵”拖曳到“游戏界面”中，建立其余的“地洞 2”～“地洞 9”，如图 5-10 中步骤 1～2 所示。修改组件的属性，其中“地洞 2”～“地洞 9”的“X 坐标”和“Y 坐标”的值分别为 300，150，如图 5-10 中步骤 3 所示。

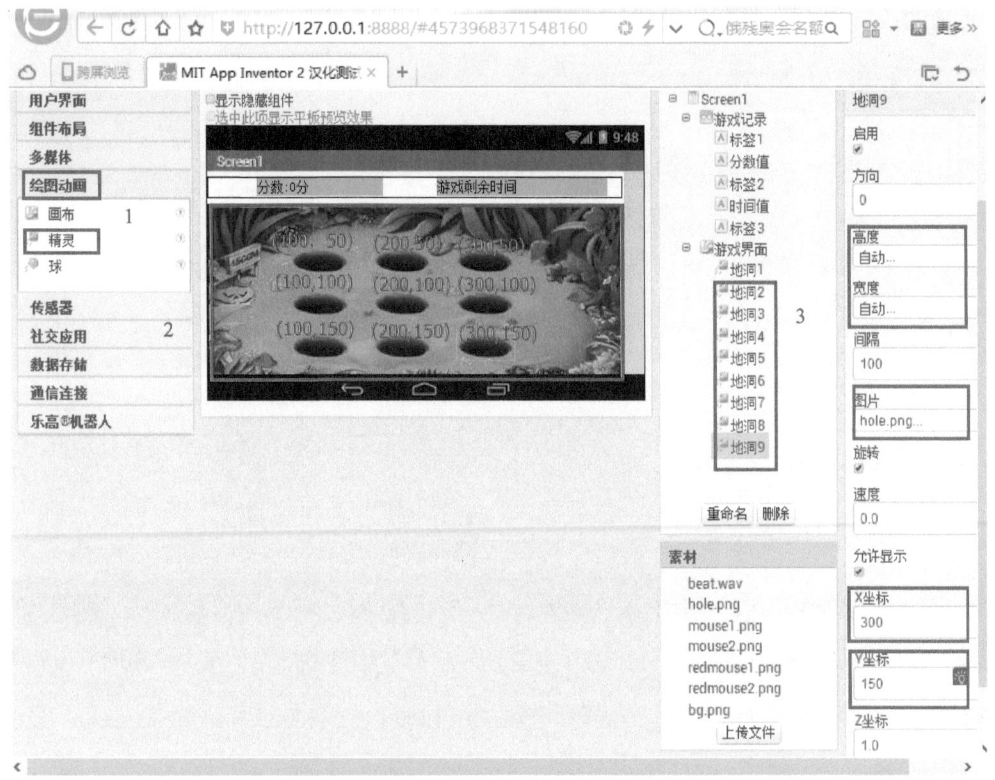

图 5-10　创建所有精灵地洞并设置属性

（4）创建所有精灵地鼠并设置属性。单击“组件面板”→“用户界面”→“绘画动画”，将“精灵”拖曳到“游戏界面”中，建立“地鼠 1”～“地鼠 3”，如图 5-11 步骤 1～2 所示。修改组件的属性，其中“高度”设置为“50 像素”，“宽度”设置为“50 像素”，“地鼠 1”和“地鼠 2”的“背景”设置为“mouse1.png”，“地鼠 3”的“背景”设置为“redmouse1.png”，不勾选“允许显示”，如图 5-11 步骤 3 所示。

4. 音频播放器和计时器布局

（1）新建游戏倒计时计数器和地鼠出洞计时器并设置属性。单击“组件面板”→“传感器”→“计时器”，将“计时器”拖曳到“Screen1”布局中。重复 3 次，分别新建“游戏倒计时计时器”和“地鼠 1-3 出洞计时器”，如图 5-12 中步骤 1～2 所示。修改组件的属性，其中“计时间隔”设置为“1000ms”，如图 5-12 中步骤 3 所示。

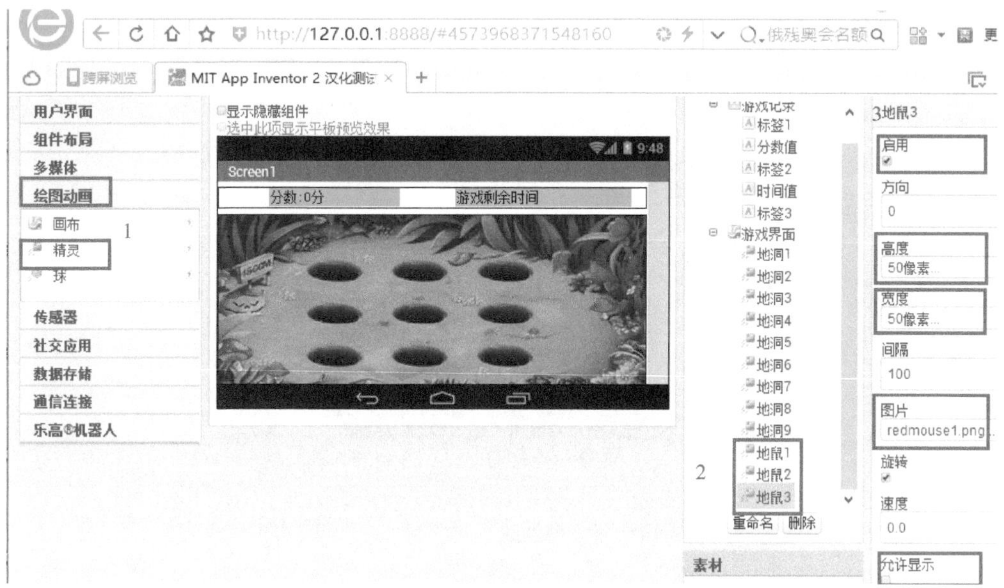


图 5-11　创建所有精灵地鼠并设置属性

图 5-12　新建游戏倒计时计数器和地鼠出洞计时器并设置属性

（2）新建音频播放器并设置属性。单击“组件面板”→“多媒体”→“音频播放器”，将“音频播放器”拖曳到“Screen1”布局中，如图 5-13 中步骤 1 ~ 4 所示。修改组件的属性，其中“源文件”设置为“beat.wav”。

图 5-13　新建音频播放器并设置属性

# 5.4　任务操作

## 5.4.1　新功能块清单

快乐打地鼠程序中的功能块列表清单如表 5-3 所示。

表 5-3　屏幕的功能块清单列表

| 类别 | 分类 | 组件名称 | 组件名称 | 组件说明 | 备注 |
| --- | --- | --- | --- | --- | --- |
| Screen1 | 游戏界面 | 精灵－地鼠 1 | 当 地鼠1 被触摸时 x坐标 y坐标 执行 | 当地鼠 1 被触摸时的处理 | |
| | 其他组件音频播放器 | 计时器 | 当 地鼠1出洞计时器 到达计时点时 执行 | 当地鼠 1 出洞计时器到达计时点的处理 | |
| | | | 当 游戏倒计时计时器 到达计时点时 执行 | 当游戏倒计时计时器到达计时点的处理 | |
| | | 音频播放器 | 让 音频播放器 开始 | 设置音频播放器开始 | |
| 内置块 | 文本 | 文本 | " " | 设置文件名或者图片名 | |
| | 数学 | 数值 | 0 | 设置数值 | |

续表

| 类别 | 分类 | 组件名称 | 组件名称 | 组件说明 | 备注 |
| --- | --- | --- | --- | --- | --- |
| 内置块 | 数学 | 加法 |  | 设置两个数相加 |  |
|  | 数学 | 判断 | 等于 | 判断两个值是否相等 |  |
|  | 逻辑 | 判断 | 等于 | 判断两个字符值是否相等 |  |
|  | 逻辑 | 布尔值 | 真 | 设置值为真或者假 |  |
|  | 逻辑 | 判断分支 | 如果 则 否则 / 否则，如果 / 否则 / 如果 否则 | 流程控制语句 |  |

## 5.4.2　编程操作

1. 倒计时

（1）进入“内置块”→“变量”，选择“声明全局变量”，拖入到编程区域中，如图 5-14 所示。

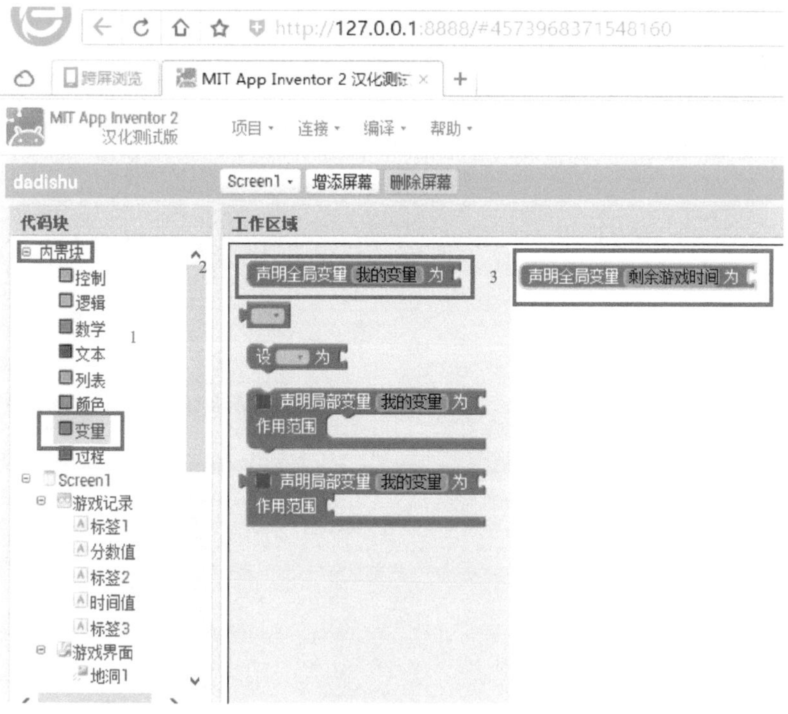


图 5-14　声明剩余游戏时间全局变量

（2）进入“Screen1”模块，选择“当 Screen1 初始化”，拖入到编程区域中，如图 5-15 所示。

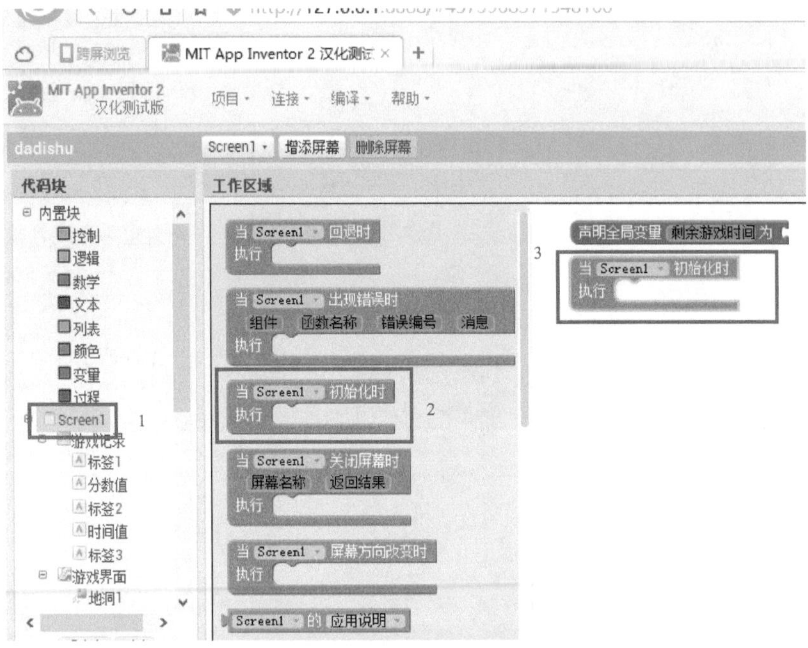

图 5-15　游戏界面初始化模块

（3）进入“Screen1”模块，选择“游戏倒计时计时器”模块，设置“启用计时”和“一直计时”为真，如图 5-16 所示。

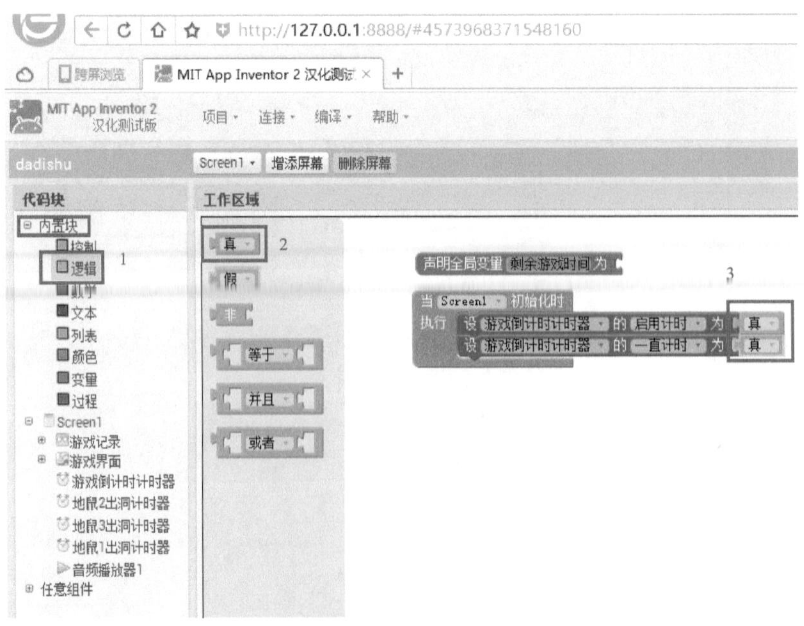

图 5-16　设置游戏倒计时计时器模块

（4）进入“Screen1”→“游戏倒计时计时器”模块，选择“当游戏倒计时计时器到达计时点”，拖入到编程区域中，如图 5-17 所示。

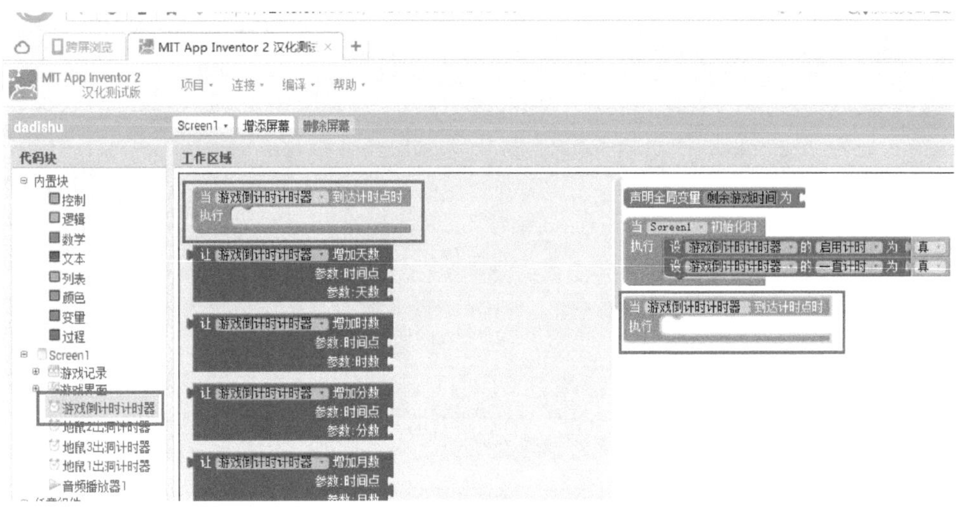


图 5-17　设置游戏倒计时计时器工作模块

（5）进入“内置块”→“控制”模块，选择“如果 - 则”模块，拖入到编程区域中，并完成倒计时功能的逻辑实现流程，如图 5-18 所示。

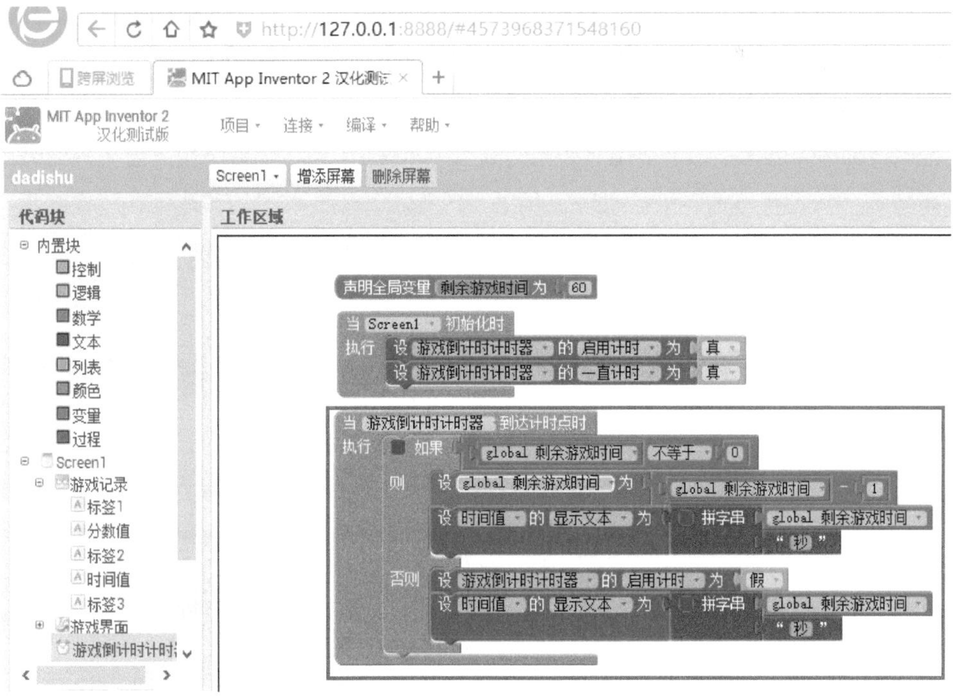


图 5-18　倒计时功能逻辑实现代码

（6）倒计时功能完成后的实现效果如图 5-19 所示。

图 5-19　倒计时实现效果图

2. 地鼠定时出洞

（1）进入“内置块”→“变量”，选择“声明全局变量”，拖入到编程区域中，如图 5-20 所示。

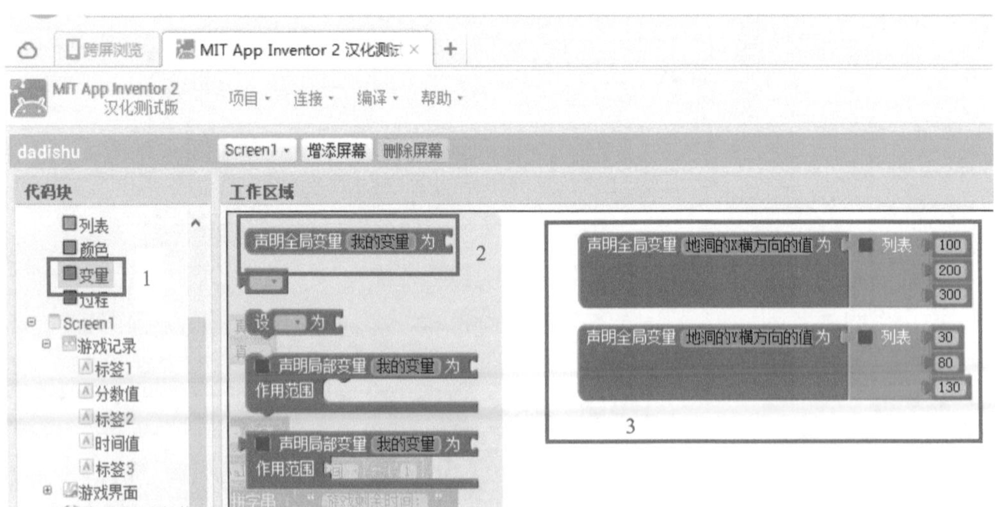


图 5-20　声明地洞的坐标全局变量

（2）进入“Screen1”→“地鼠 1 出洞计时器”，选择“当计时器到达计时点时”模块，拖入到编程区域中，并完成地鼠 1 出洞计时器的逻辑流程，如图 5-21 所示。

（3）地鼠出洞功能完成后的实现效果如图 5-22 所示。

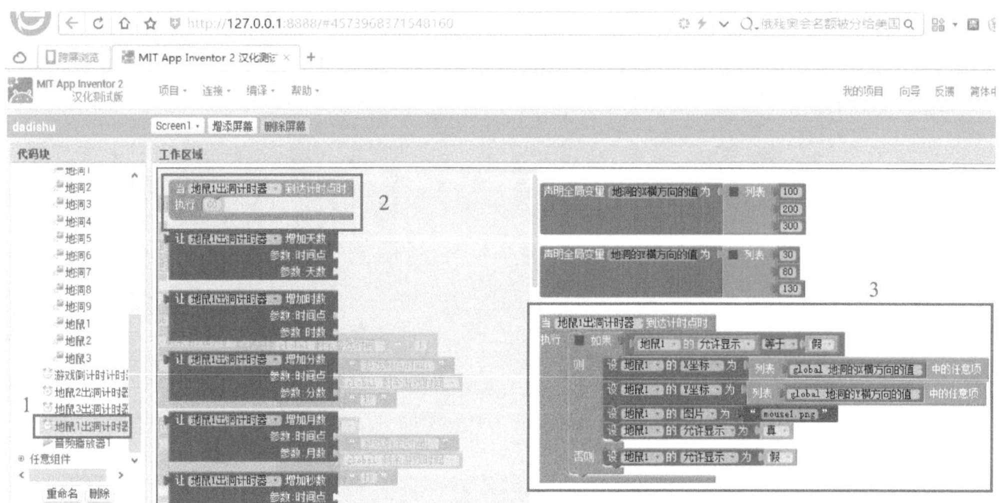


图 5-21　地鼠出洞的逻辑实现代码

图 5-22　地鼠出洞效果图

3. 打地鼠得分

（1）进入“内置块”→“变量”，选择“声明全局变量”，拖入到编程区域中。进入“Screen1”→“地鼠 1”，选择“当地鼠被触碰时”模块，拖入到编程区域中，并完成“当地鼠被触碰时”的逻辑流程，如图 5-23 所示。

（2）打地鼠得分功能完成后的实现效果如图 5-24 所示。

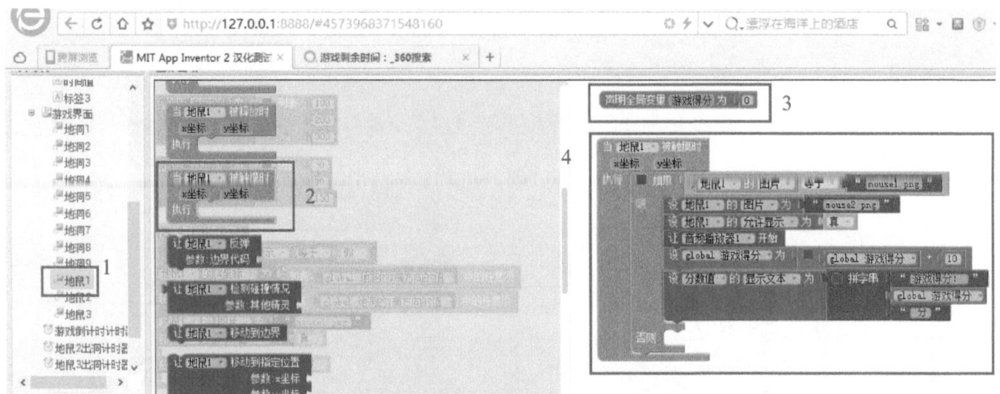

图 5-23　打地鼠得分逻辑实现代码

图 5-24　打地鼠得分效果图

# 第 6 章
# 雷霆战警

**本章目标**

1. 掌握 App Inventor 中的布局方法。
2. 掌握定时器的使用方法。
3. 掌握列表的使用。

# 6.1 任务描述

本章的内容是开发一个雷霆战机的小游戏，其中飞机子弹打中敌机得 20 分，飞机被敌机击中则游戏结束，本程序的运行如图 6-1 所示。

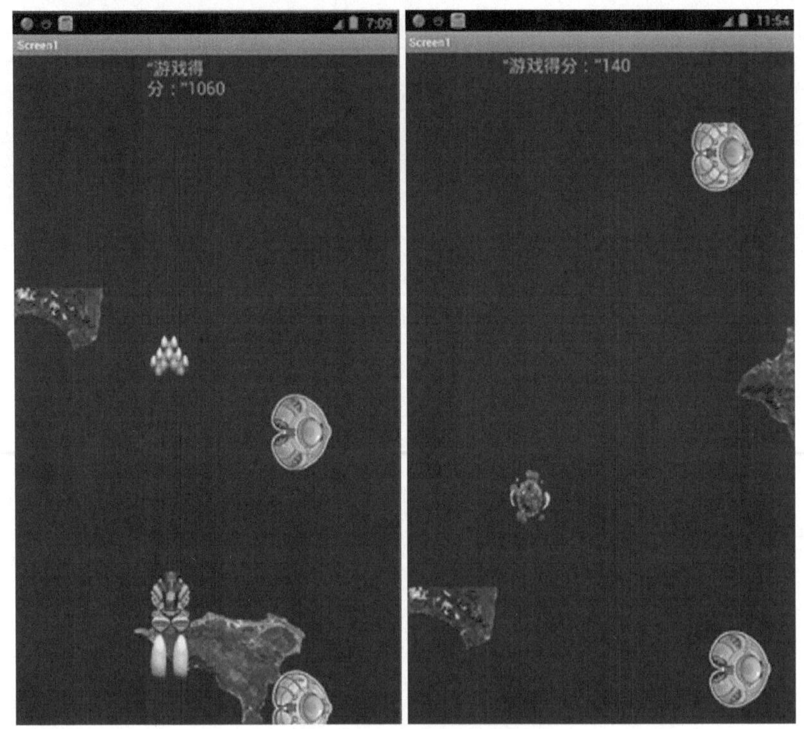


图 6-1　雷霆战警运行效果

# 6.2 开发前的素材准备工作

欢乐打地鼠的开发所需要的素材如表 6-1 所示。

表 6-1　素材列表

| 类别 | 素材说明 | 素材名称 | 备注 |
|---|---|---|---|
| 背景图片 | 游戏界面背景 | background.png | |
| | 地图 | dao1–dao3.png | |
| | 地图左边缘 | left.png | |
| | 地图右边缘 | right.png | |

续表

| 类别 | 素材说明 | 素材名称 | 备注 |
|---|---|---|---|
| 我军 | 战机 | mech0–mech4.png | |
| | 尾焰 | 00–07.png | |
| | 子弹 | bullet.png | |
| | 爆炸 | bomb0–bomb7.png | |
| 敌机 | 敌机 | monster1–monster.png | |
| 图标文件 | 游戏图标 | icon.png | |

# 6.3 程序的布局设计

## 6.3.1 清单设计

雷霆战警的程序组件列表清单如图 6–2 所示。

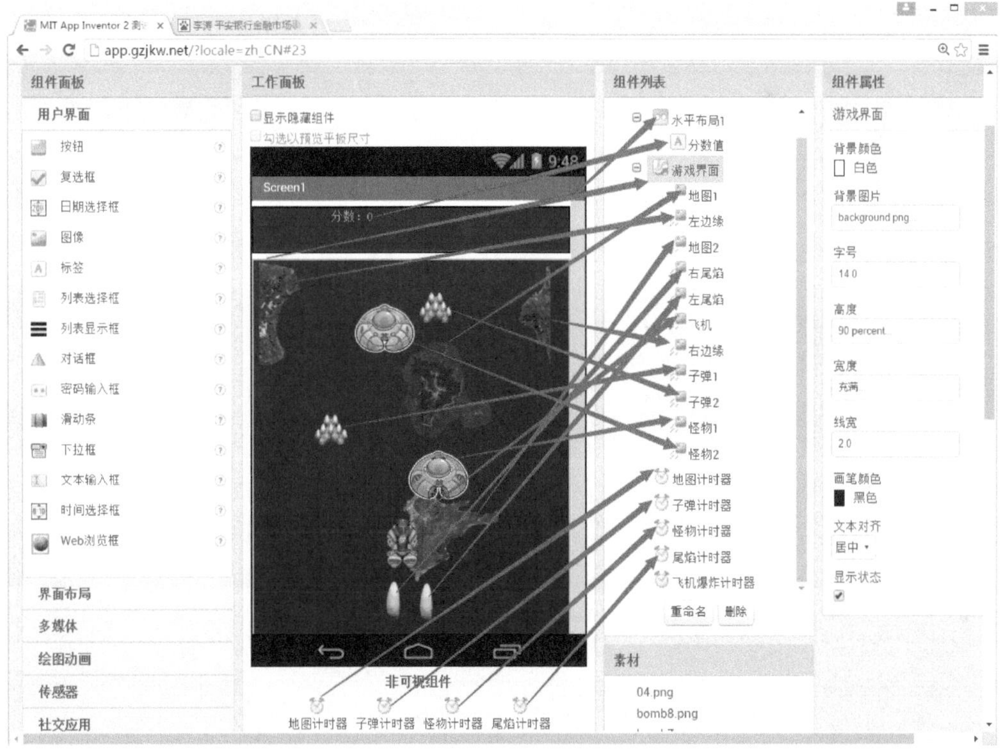


图 6–2 雷霆战警的程序组件列表

## 6.3.2 布局过程

### 1. 新建项目

（1）打开 App Inventor 开发环境，单击“项目”→“新建项目”，如图 6-3 所示。

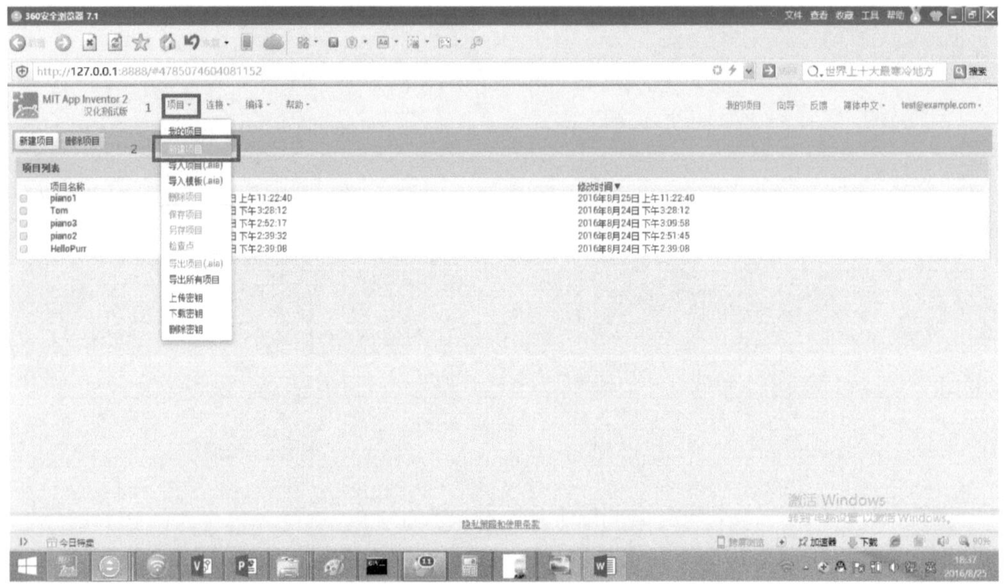

图 6-3 新建 AppInventor 项目

（2）在“新建项目”对话框中，输入“leidian”，建立一个新项目，如图 6-4 所示。

图 6-4 新建 App Inventor 项目命名

2. 地图布局

（1）将“雷电战警”→“素材库”中的所有素材添加到素材库中，如图 6-5 所示。

图 6-5　上传雷电战警所需要的所有素材文件

（2）在“Screen1”下对“雷电战警”进行总体布局。单击“组件面板”→“界面布局”→“水平布局”，拖曳“水平布局”到“Screen1”中，并将之重命名为“分数显示”。单击“组件面板”→“绘图动画”，拖曳“画布”到“Screen1”中，重命名为“游戏界面”，并分别对“分数显示”和“游戏界面”的属性进行配置，如图 6-6 ~ 图 6-8 所示。

图 6-6　新建“分数显示”和“游戏界面”两个水平布局

图 6-7　配置“分数布局”属性

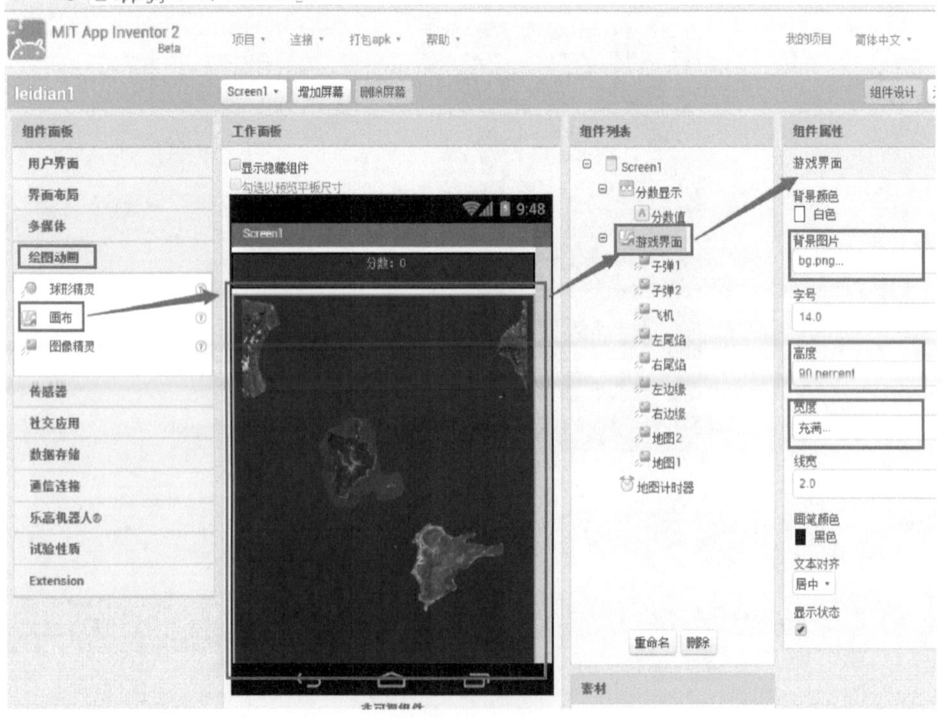


图 6-8　配置“游戏界面”布局属性

（3）在“分数显示”下新增一个“标签”分别用于“分数值”的显示。单击“组件面板”→“用户界面”，将“标签”拖曳到“游戏记录”中，单击“Screen1”→“分数显示”→“分数值”，修改组件的属性，如图 6-9 所示。

图 6-9　新建分数值标签并配置属性

（4）在“游戏界面”下新增 4 个“图像精灵”分别用于“地图 1”“地图 2”“左边缘”“右边缘”的显示。单击“组件面板”→“绘图动画”→“图像精灵”，将“图像精灵”拖曳到“游戏界面”中，并分别配置“地图 1”“地图 2”“左边缘”“右边缘”的属性，如图 6-10 所示。

（5）新建“地图计时器”并设置属性。单击“组件面板”→“传感器”→“计时器”，将“计时器”拖曳到“Screen1”布局中，配置组件的属性，其中“计时间隔”属性设置为“3000ms”，如图 6-11 所示。

3. 飞机布局

（1）创建“飞机”。单击“组件面板”→“绘画动画”，将“图像精灵”拖曳到“游戏”中，并配置“飞机”的属性，如图 6-12 所示。

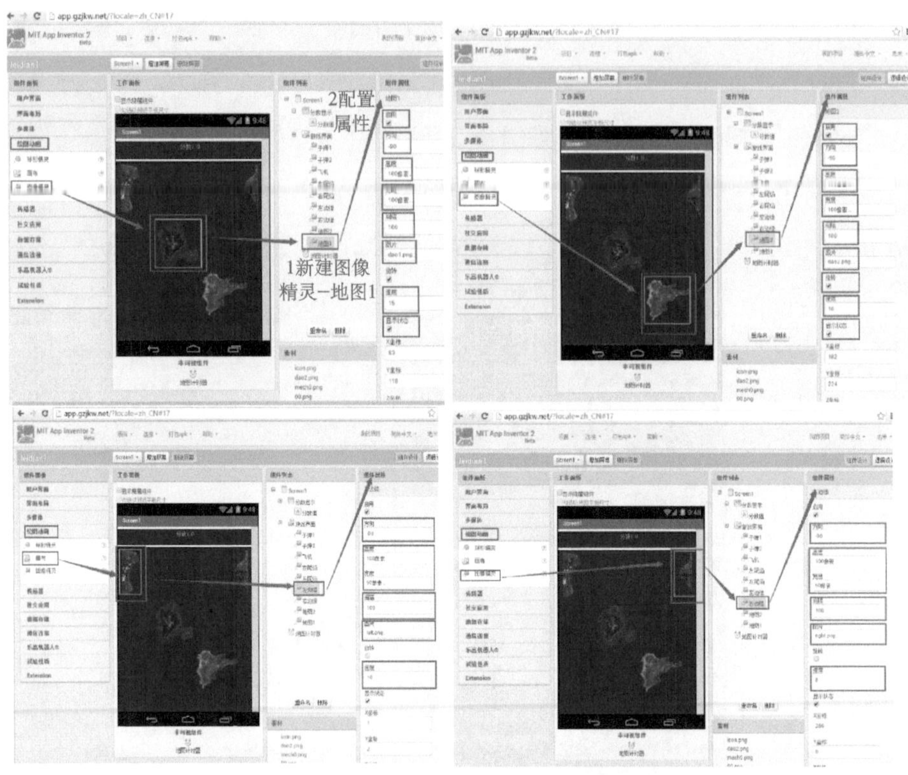


图 6–10　新建 4 个图像精灵并配置属性

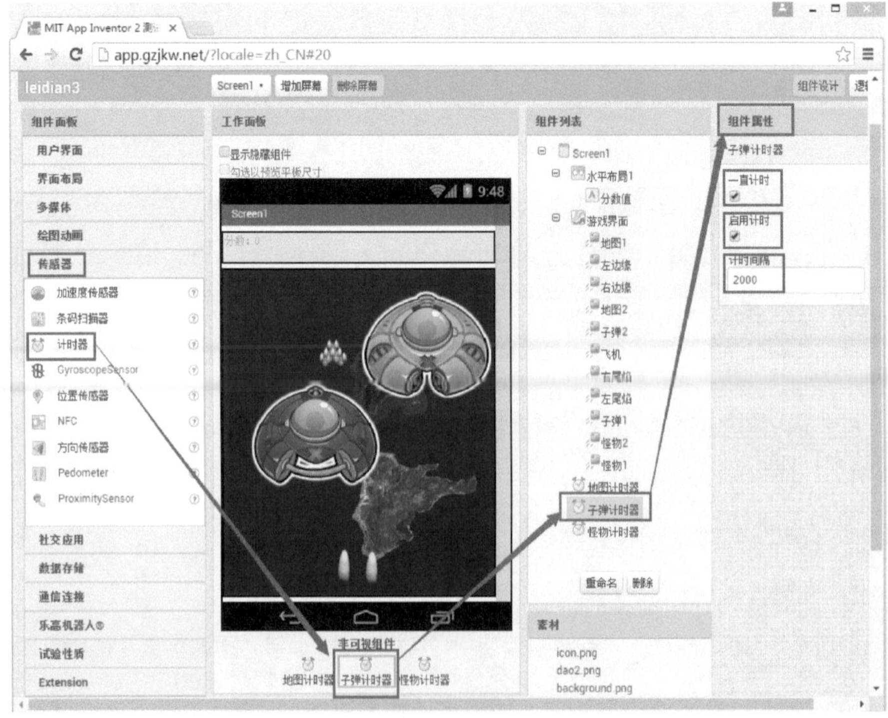


图 6–11　新建“地图计时器”并设置属性

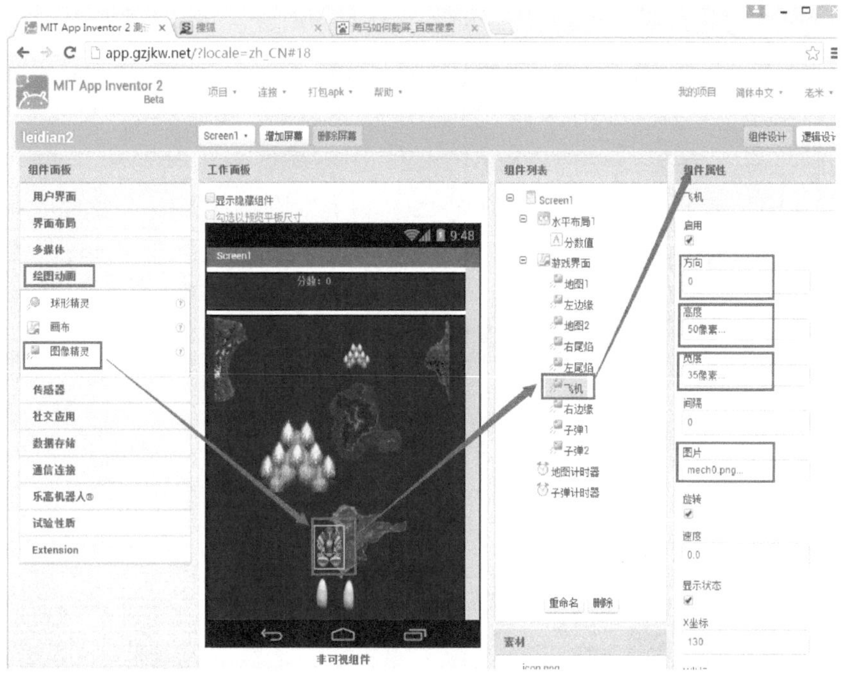

图 6-12　新建“飞机”并配置属性

（2）创建“飞机尾焰”。单击“组件面板”→“绘画动画”，将“图像精灵”拖曳到“游戏”中，并配置“飞机尾焰”的属性，如图 6-13 所示。

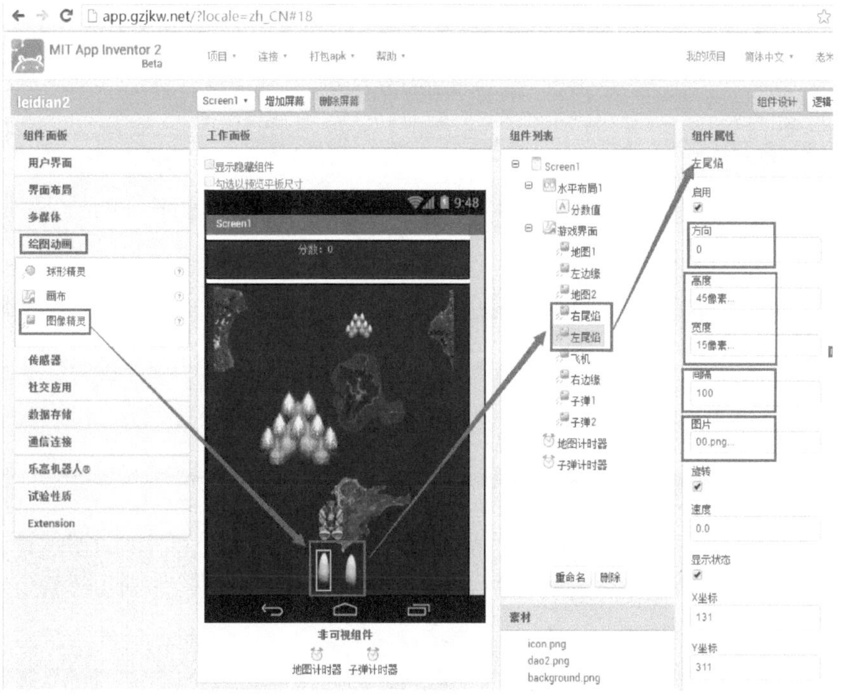

图 6-13　新建“飞机尾焰”并配置属性

（3）创建“飞机子弹”。单击“组件面板”→“绘画动画”，将“图像精灵”拖曳到“游戏”中，并配置“飞机子弹”的属性，如图 6-14 所示。

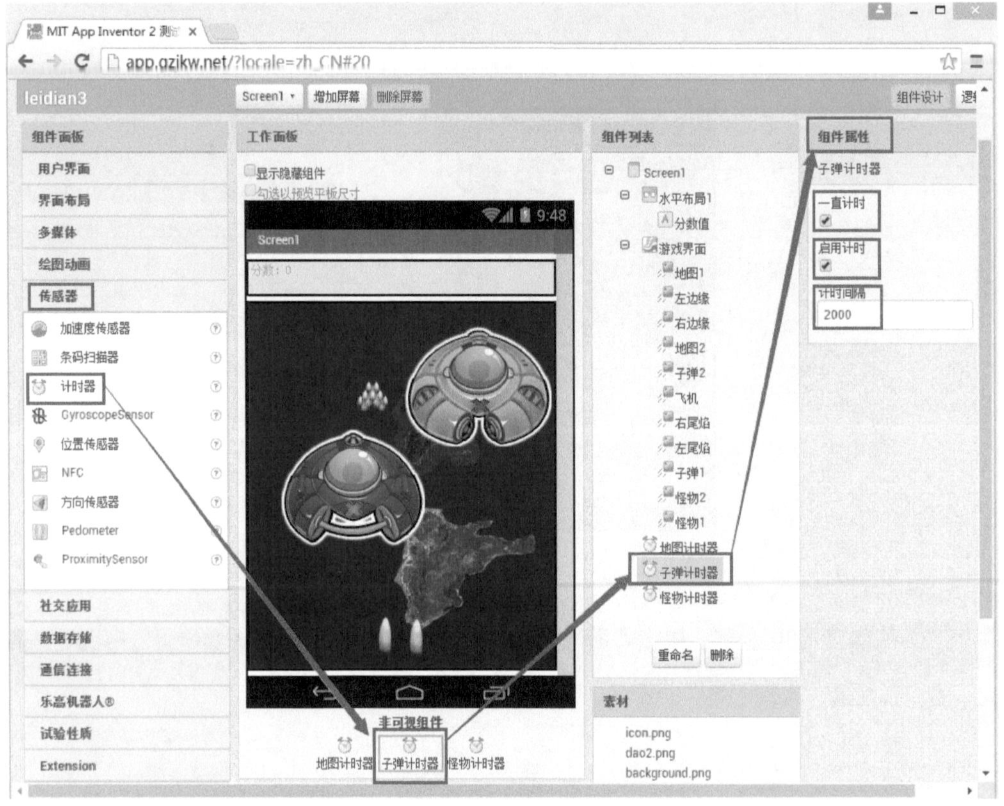


图 6-14　新建“飞机子弹”并配置属性

（4）新建“子弹计时器”并设置属性。单击“组件面板”→“传感器”→“计时器”，将“计时器”拖曳到“Screen1”布局中，配置组件的属性，其中“计时间隔”属性设置为“1000ms”，如图 6-15 所示。

（5）新建“尾焰计时器”并设置属性。单击“组件面板”→“传感器”→“计时器”，将“计时器”拖曳到“Screen1”布局中，配置组件的属性，其中“计时间隔”属性设置为“100ms”，如图 6-16 所示。

（6）新建“飞机爆炸计时器”并设置属性。单击“组件面板”→“传感器”→“计时器”，将“计时器”拖曳到“Screen1”布局中，配置组件的属性，其中“计时间隔”属性设置为“100ms”，如图 6-17 所示。

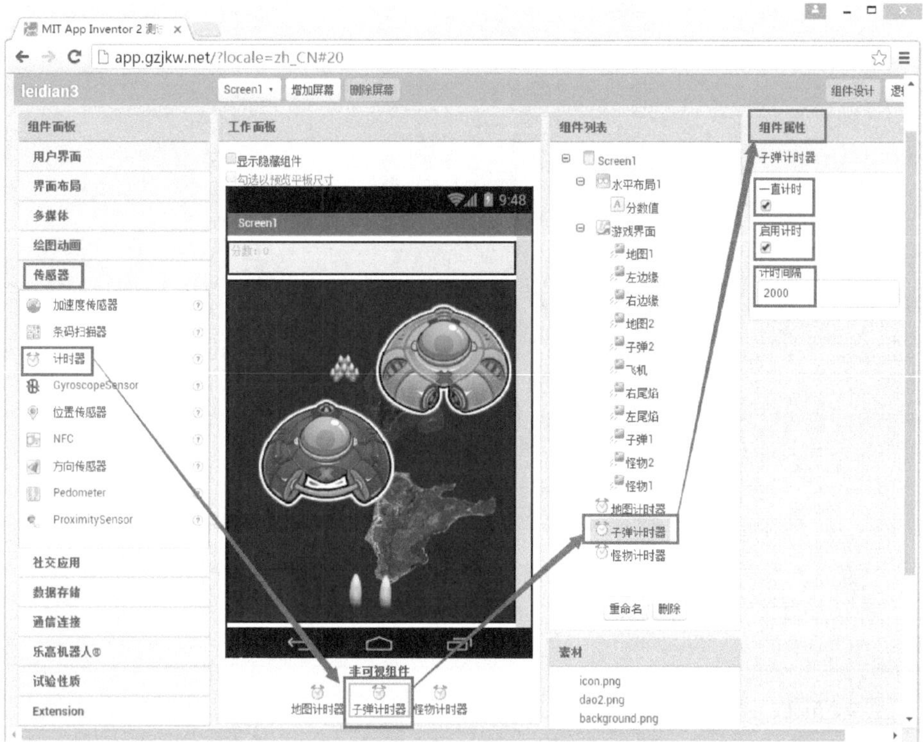


图 6-15　新建“子弹计时器”并设置属性

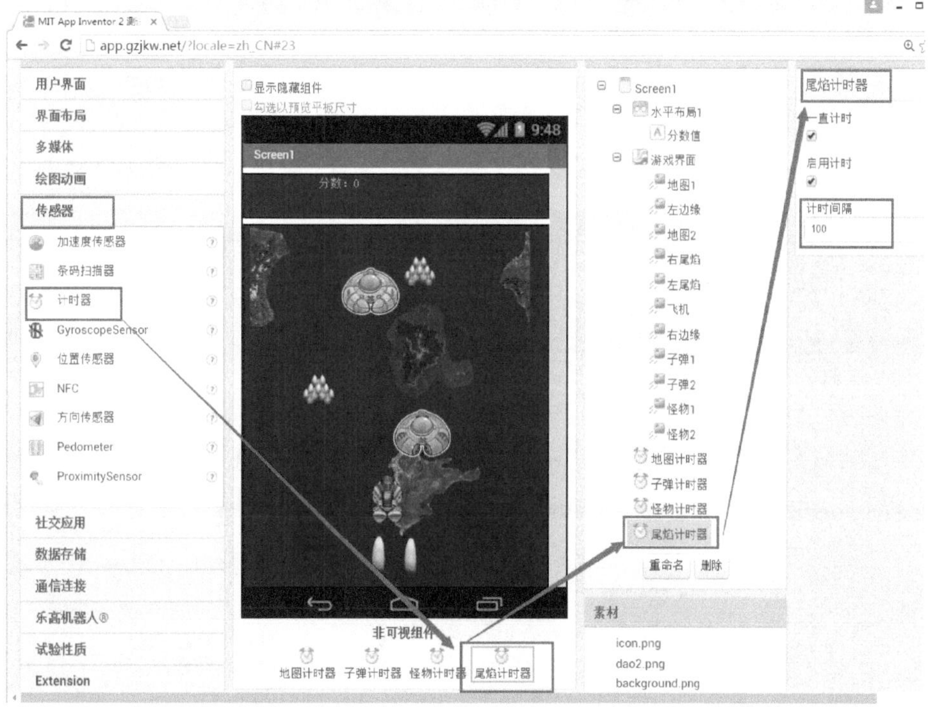


图 6-16　新建“尾焰计时器”并设置属性

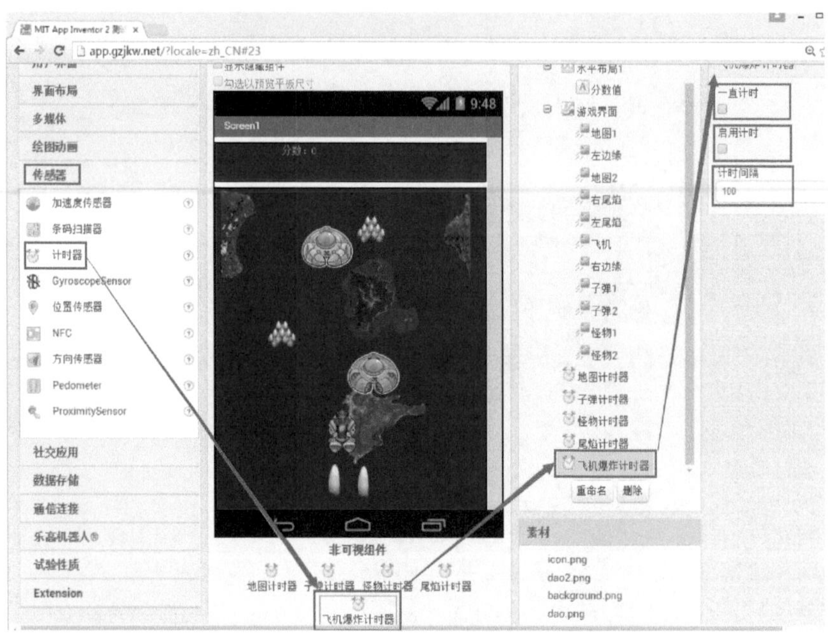


图 6–17　新建“飞机爆炸计时器”并设置属性

4. 怪物布局

（1）创建“怪物 1”和“怪物 2”。单击“组件面板”→“绘画动画”，将“图像精灵”拖曳到“游戏界面”中，并配置“怪物”的属性，如图 6–18 所示。

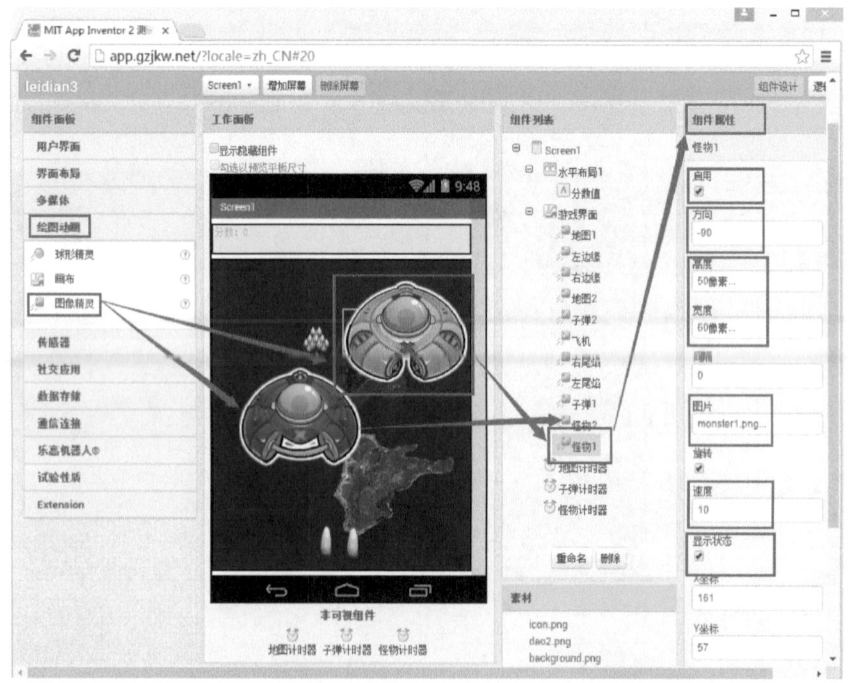


图 6–18　新建“怪物 1”和“怪物 2”并配置属性

（2）新建“怪物计时器”并设置属性。单击“组件面板”→“传感器”→“计时器”，将“计时器”拖曳到“Screen1”布局中，配置组件的属性，其中“计时间隔”属性设置为“1000ms”，如图 6-19 所示。

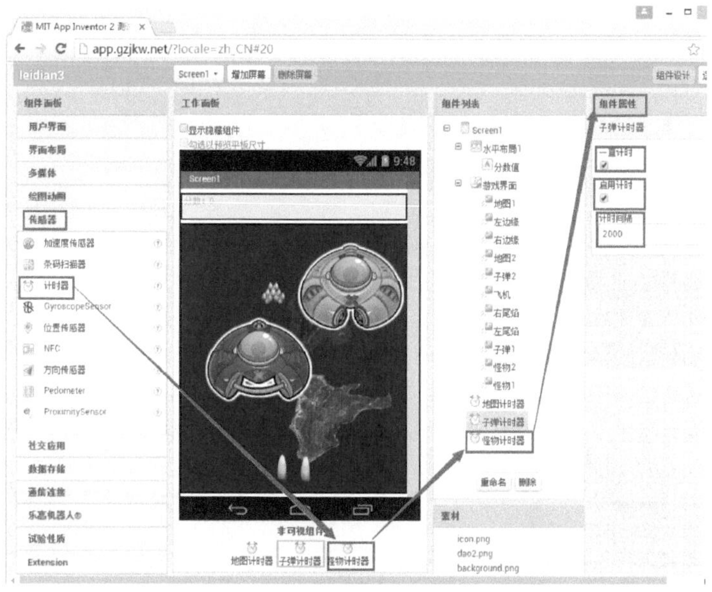


图 6-19　新建“怪物计时器”并设置属性

5. 游戏结束跳转

游戏结束后跳转到另外一个界面，单击“增加屏幕”→“Screen2”，布局一个游戏结束后的界面，如图 6-20 所示。

图 6-20　新建游戏结束跳转界面

# 6.4 任务操作

## 6.4.1 地图显示

（1）进入“内置块”→“变量”，选择“初始化全局变量为”，并将之拖到编程区域中，定义一个全局变量“地图索引编号”，如图 6-21 所示。

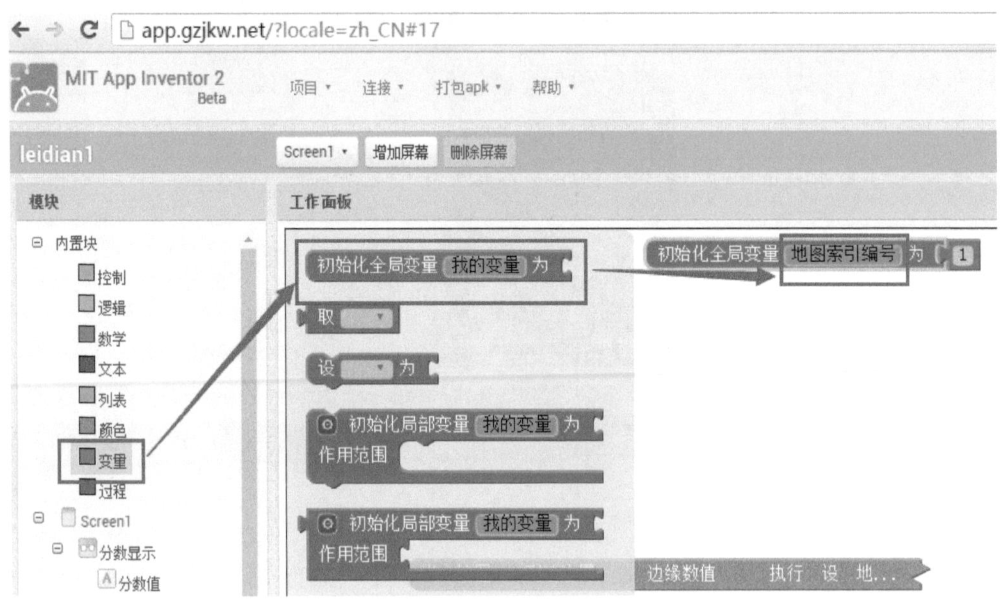


图 6-21 初始化全局变量→地图索引编号

（2）进入“Screen1”→“地图计时器”模块，选择“当地图计时器计时”模块，拖入到编程区域中，如图 6-22 所示。

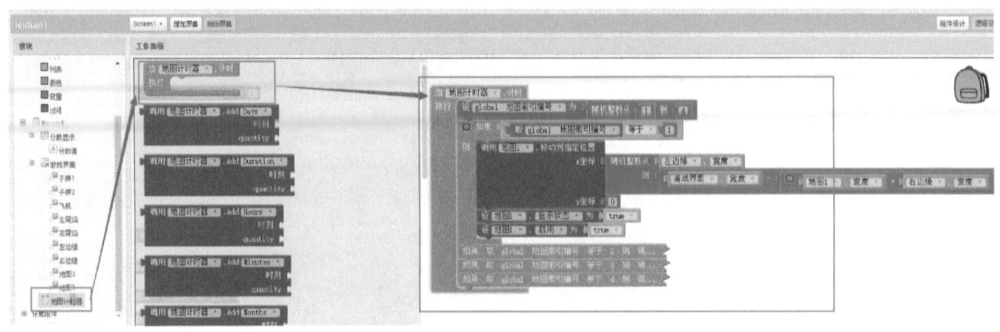

图 6-22 “地图计时器”计时

（3）进入“数学”模块，选择“随机整数从 1 到 100 模块”模块，设置全局变量“地图索引编号”的值为“随机整数从 1 到 4”，如图 6-23 所示。

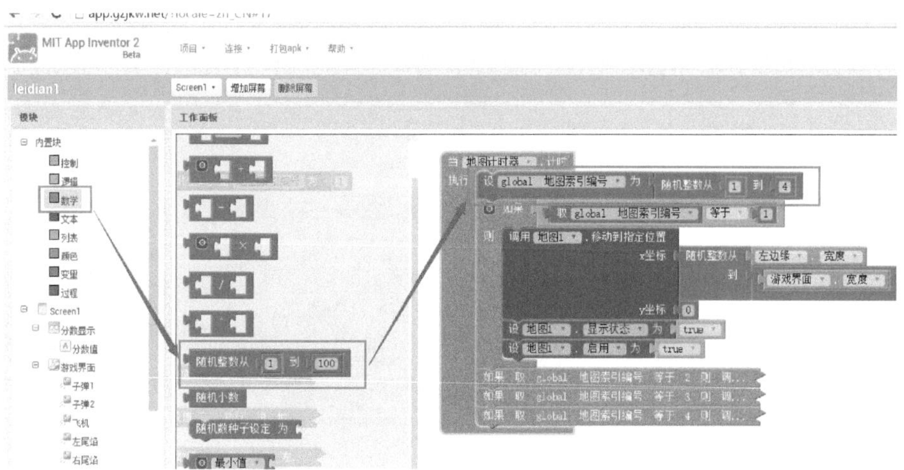

图 6-23　设置“地图索引编号”为随机数

（4）进入“内置块”→“控制”模块，选择“如果 - 则”模块，并拖入到编程区域中。如果全局变量“地图索引编号”的值为“1”，则在游戏界面中显示地图 1；如果全局变量“地图索引编号”的值为“2”，则在游戏界面中显示地图 2；如果全局变量“地图索引编号”的值为“3”，则在游戏界面中显示左边缘；如果全局变量“地图索引编号”的值为“4”，则在游戏界面中显示右边缘。地图 1、地图 2、左边缘、右边缘的位置设置如图 6-24 所示。

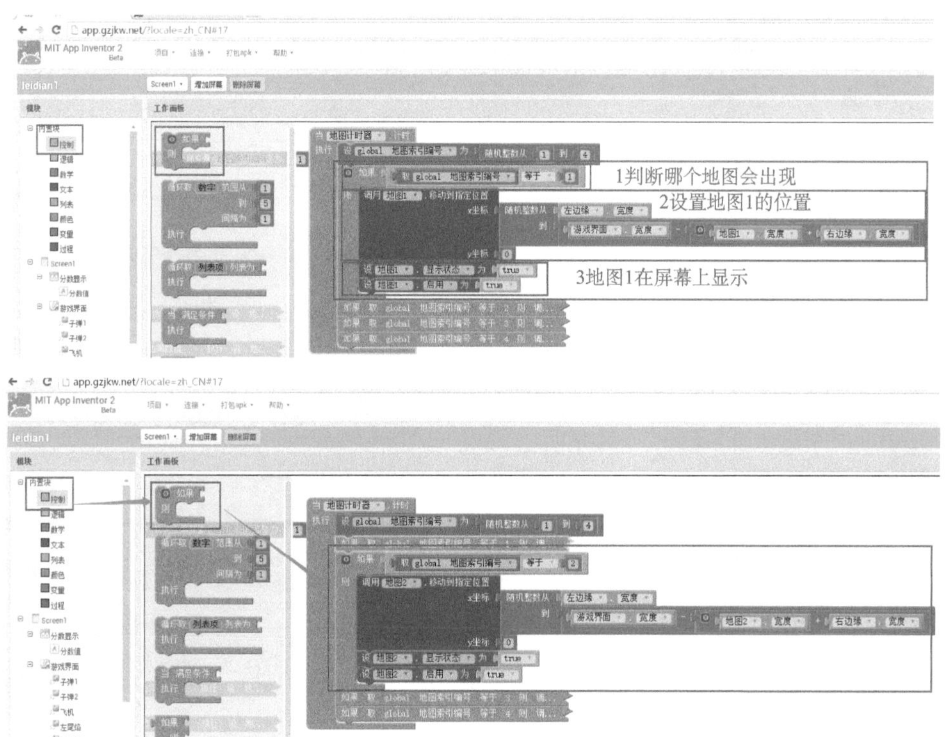


图 6-24　地图 1、地图 2、左边缘、右边缘的位置设置

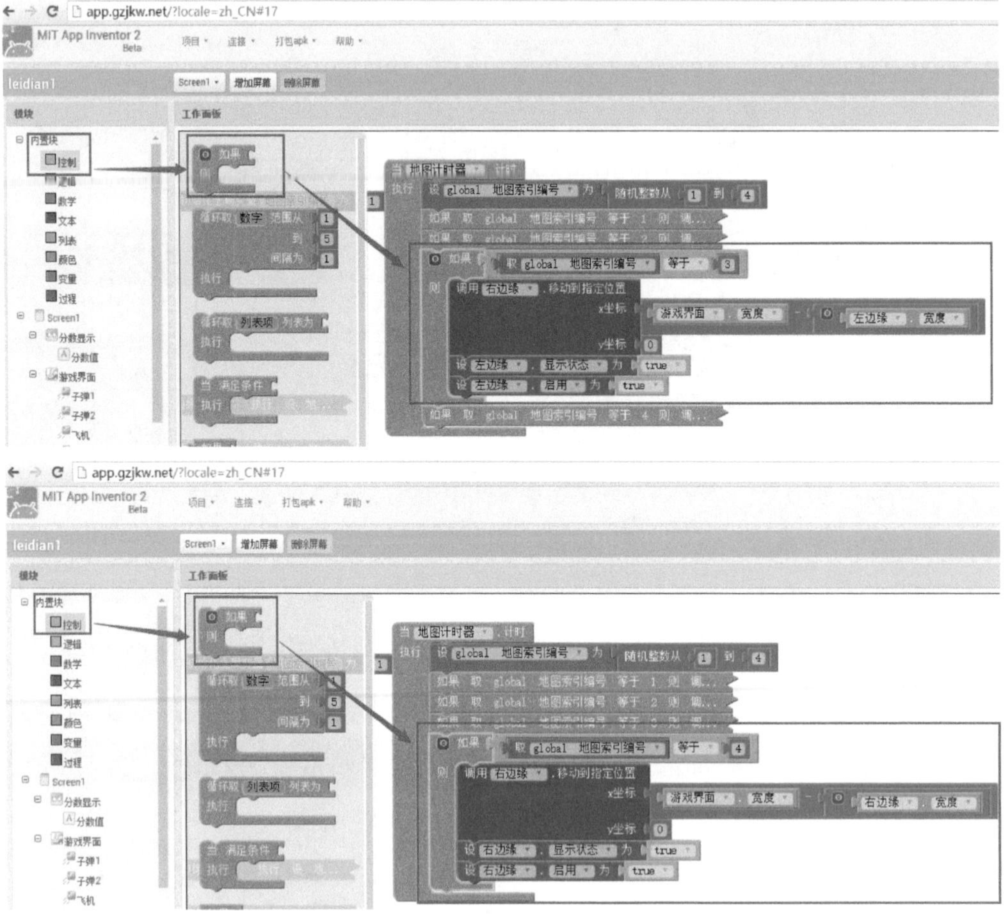

图 5-24　地图 1、地图 2、左边缘、右边缘的位置设置（续）

（5）图像精灵的边界处理。进入“游戏界面”→“地图 1”模块，选择“当地图 1 到达边界”，并拖入到编程区域中。设置地图 1 模块的“显示状态”和“启用”为“false”，如图 6-25 所示。

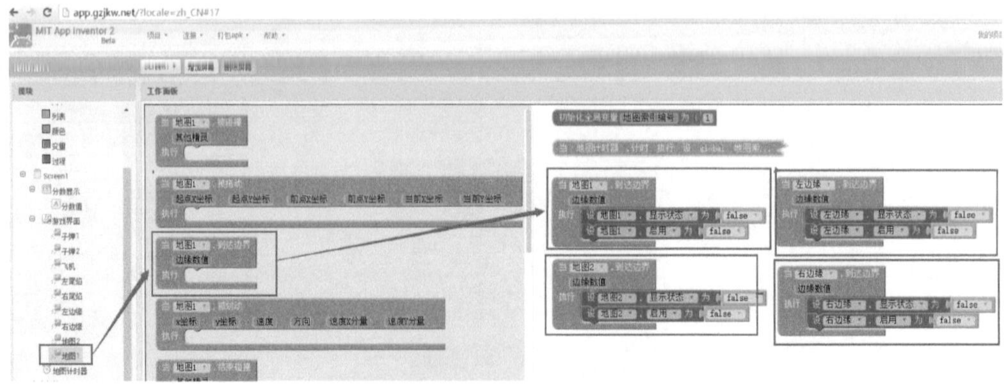

图 6-25　倒计时功能逻辑实现代码

（6）地图显示功能完成后的实现效果如图 6-26 所示。

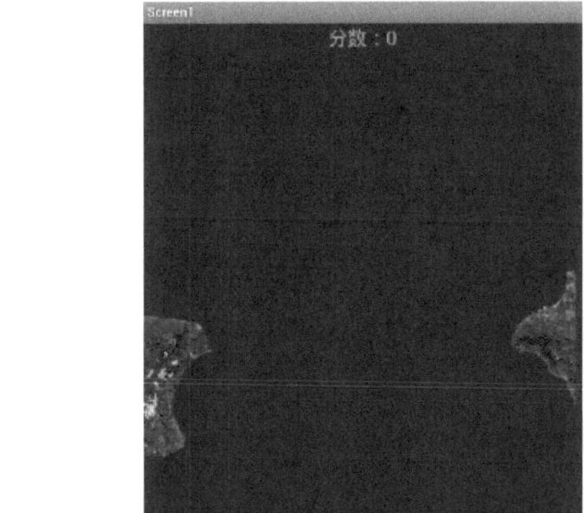


图 6-26　地图效果图

### 6.4.2　飞机显示

（1）初始化进入“内置块”→“变量”，选择“声明全局变量”，定义“飞机与火焰的间隔 X 方向”和“飞机与火焰的间隔 Y 方向”，如图 6-27 所示。

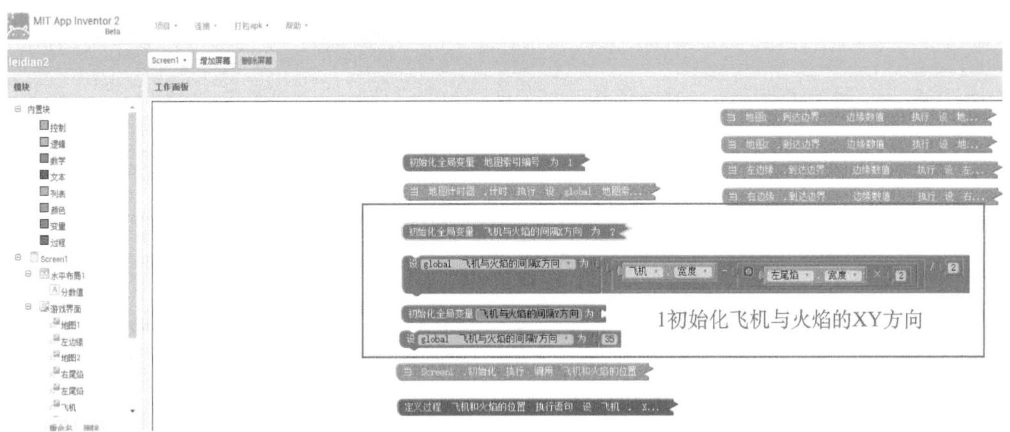


图 6-27　声明飞机与火焰的间隔的全局变量

（2）进入“内置块”→“过程”，选择“定义过程”，新建一个“飞机和火焰的位置”的过程，并在“Screen1”初始化的时候调用“飞机和火焰的位置”的过程，如图 6-28 所示。

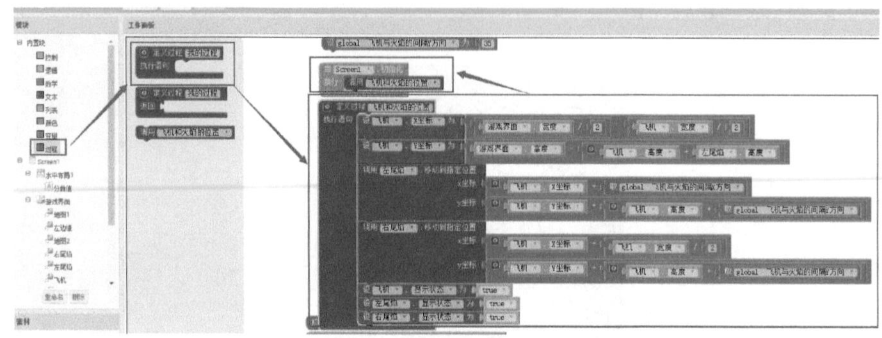

图 6-28　初始化飞机与火焰的位置

（3）完成定时发射子弹功能。进入“子弹计时器”，选择“当子弹计时器计时”功能，设置子弹计时器的功能，两个子弹按顺序循环显示，如图 6-29 所示。

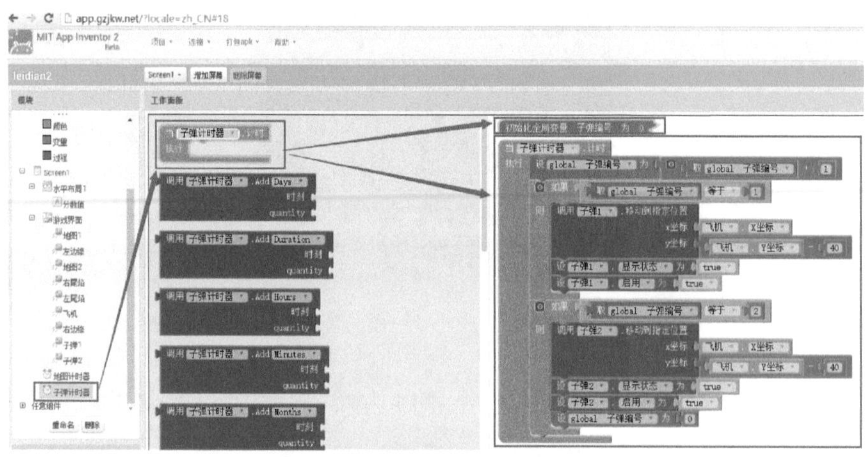

图 6-29　声明飞机与火焰的间隔的全局变量

（4）子弹到达边界时的处理。进入“游戏界面”→“子弹 1”，选择“当子弹 1 到达边界”功能，设置“子弹”的“显示状态”和“启用”为“false”，如图 6-30 所示。

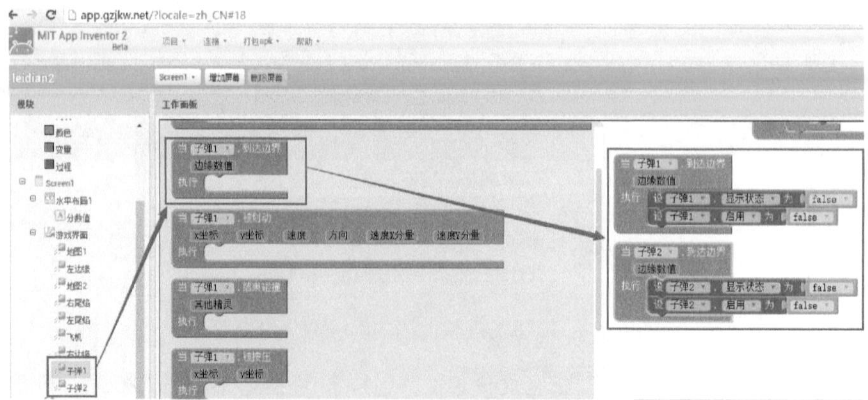

图 6-30　子弹到达边界时消失

（5）飞机拖动时的处理。进入“游戏界面”→“飞机”，选择“当飞机被拖动”功能，设置飞机移动后，尾焰跟着飞机的位置而移动，如图 6-31 所示。

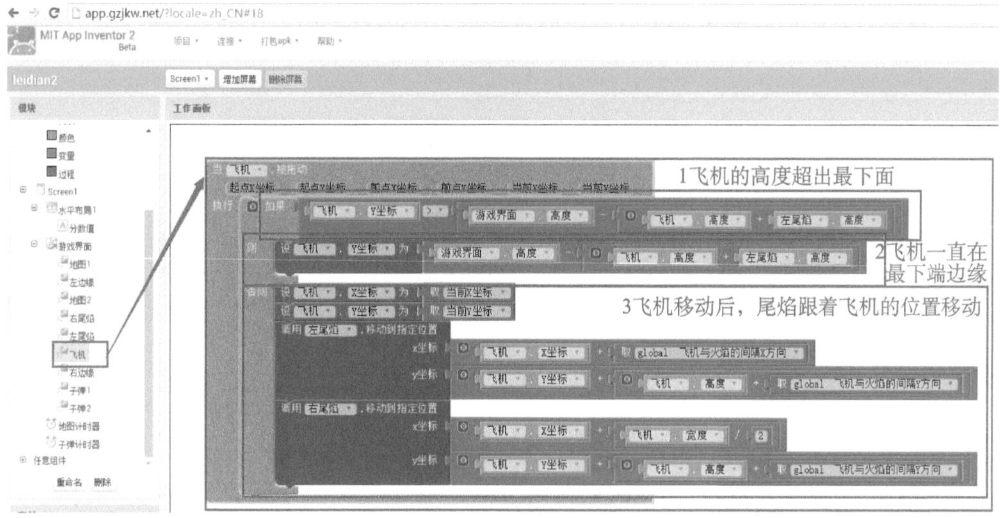


图 6-31　飞机拖动时的处理

（6）飞机显示功能完成后的效果如图 6-32 所示。

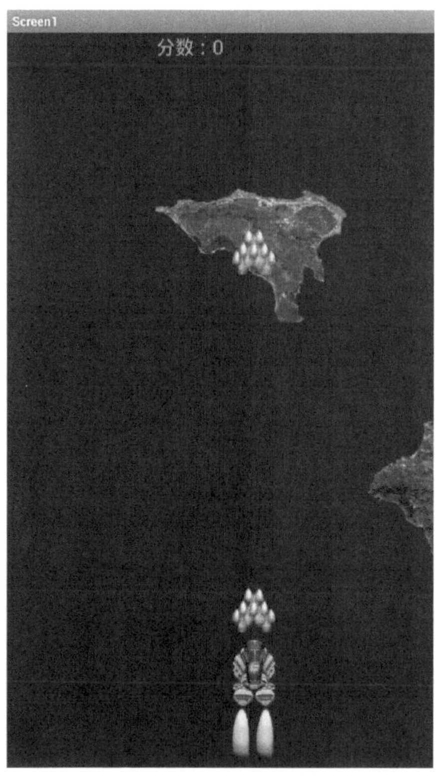


图 6-32　飞机显示效果

### 6.4.3 怪物显示

（1）怪物在组件设计的时候方向是“-90°”，也就是一直以速度“10”向下运行到达下边缘；到达边界后要重新设定X和Y坐标。进入“游戏界面”→“怪物1”，选择“当怪物1到达边界”功能，设置“怪物1”的X和Y坐标，再设置“怪物1”的“显示状态”和“启用”为“true”，如图6-33所示。

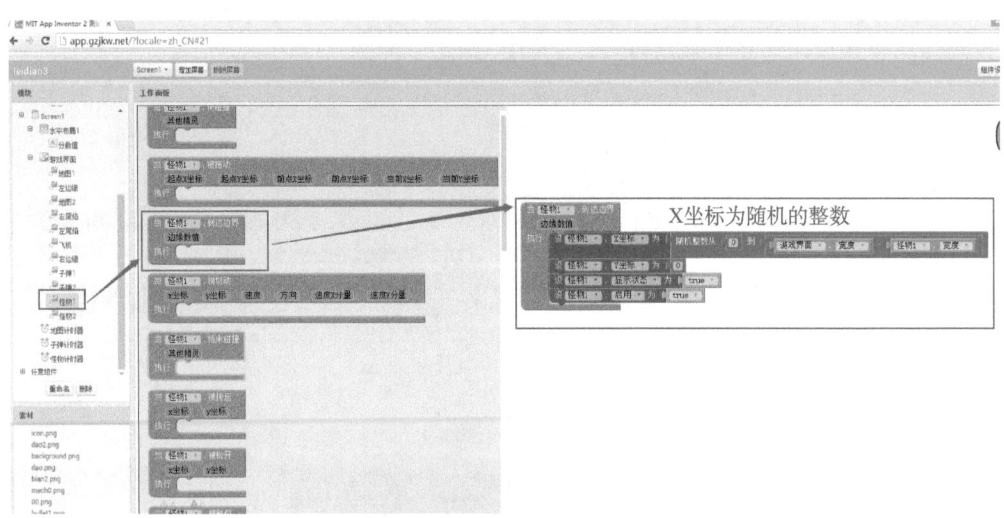


图6-33　怪物1到达下边界的设置

（2）进入“游戏界面”→“怪物2”，选择“当怪物2到达边界”功能，设置“怪物2”的X和Y坐标，再设置“怪物2”的“显示状态”和“启用状态”为“true”；如图6-34所示。

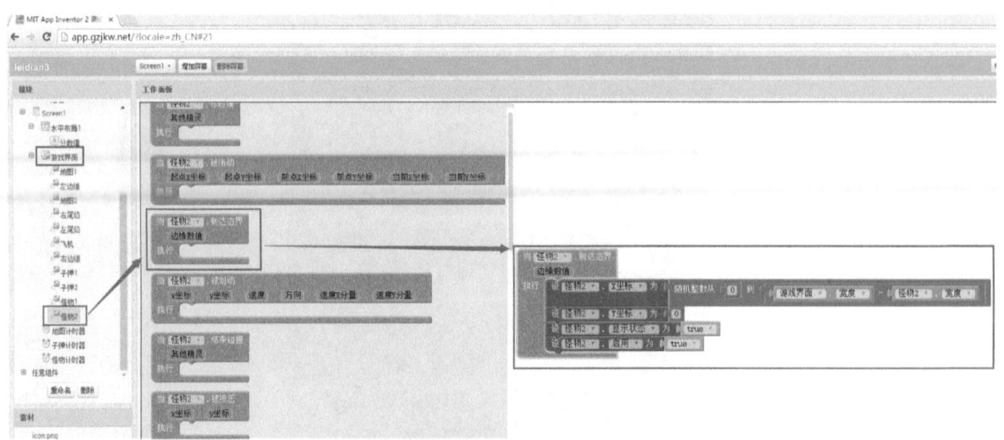

图6-34　怪物2到达下边界的设置

（3）怪物显示功能完成后的效果如图6-35所示。

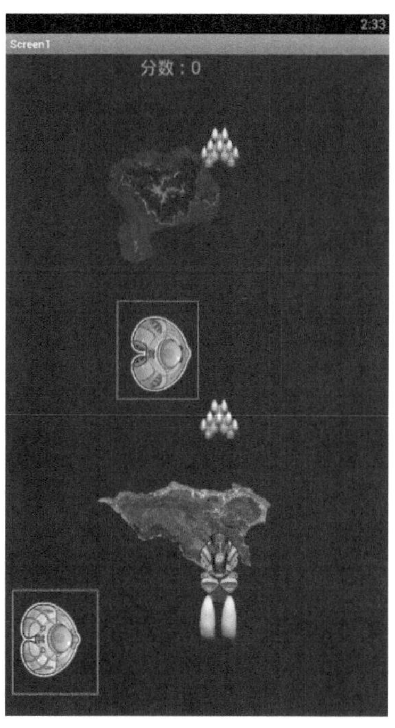


图 6–35　怪物显示效果

## 6.4.4　怪物被子弹击中

（1）由于怪物 1 和怪物 2 需要在不同的场合中重新出来，因此我们把怪物 1 和怪物 2 的重新出来可以封装为两个过程。进入“内置块”→“过程”，选择“定义过程”，分别定义“怪物 1 重新出来”和“怪物 2 重新出来”过程。在当“怪物 1 到达边界”和“怪物 2 到达边界”下调用过程“怪物 1 重新出来”和“怪物 2 重新出来”，如图 6–36 所示。

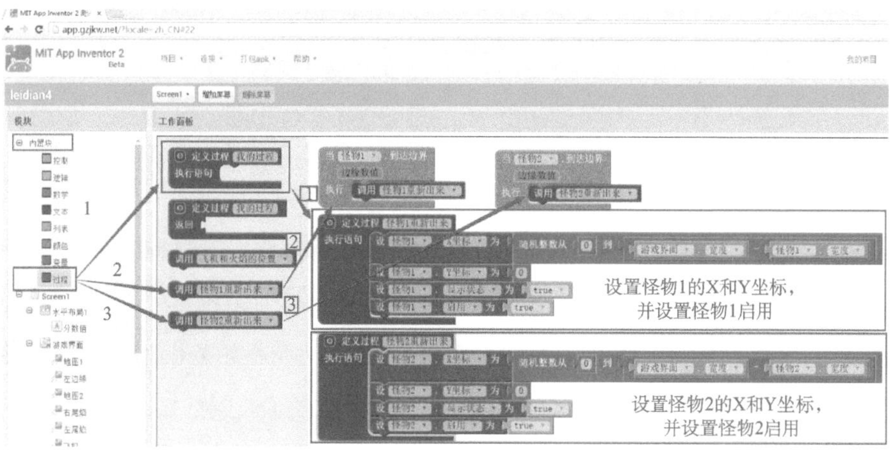


图 6–36　定义“怪物重新出来”过程

（2）进入“内置块”→“过程”，选择“初始化全局变量”，新建一个“游戏得分”的全局变量。新建怪物 1 被碰撞的处理，首先判断怪物 1 的碰撞检测，如果是在子弹 1 击中怪物的情况下，设置子弹 1 消失，调用怪物 1 重新出来过程，设置游戏得分并显示，如图 6-37 所示。

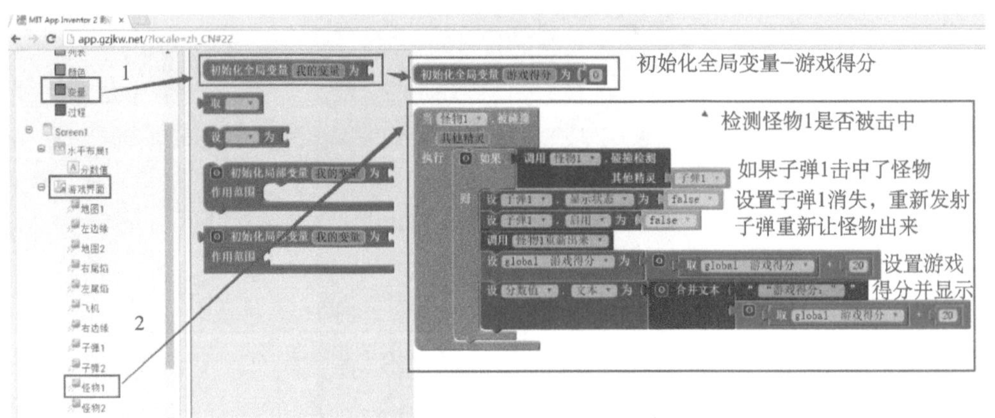


图 6-37　怪物 1 被子弹 1 击中的处理

（3）判断怪物 1 的碰撞检测，如果是在子弹 2 击中怪物 1 的情况下，设置子弹 2 消失，调用怪物 1 重新出来过程，设置游戏得分并显示，如图 6-38 所示。

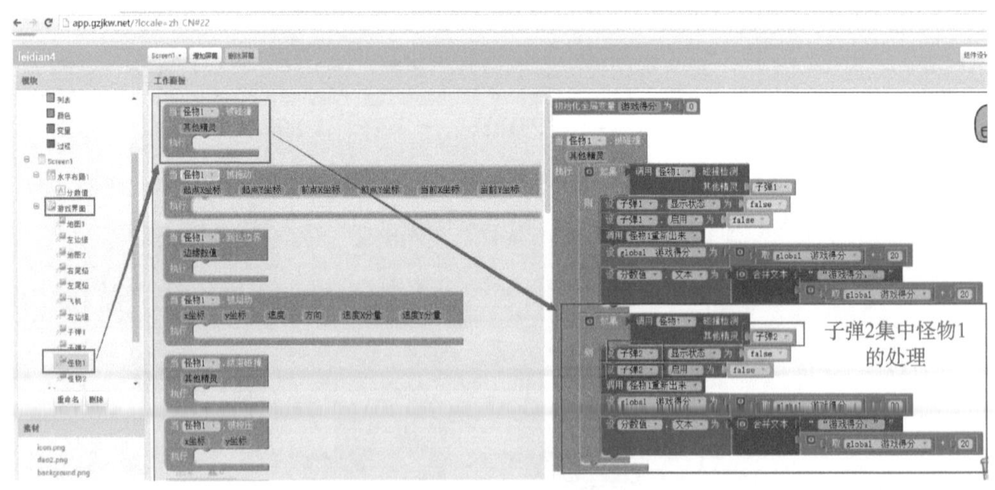


图 6-38　怪物 1 被子弹 2 击中的处理

（4）新建怪物 2 被碰撞的处理。首先判断怪物 2 的碰撞检测，如果是在子弹 1 击中怪物 2 的情况下，设置子弹 1 消失，调用怪物 1 重新出来过程，设置游戏得分并显示。如果是在子弹 2 击中怪物 2 的情况下，设置子弹 2 消失，调用怪物 2 重新出来过程，设置游戏得分并显示，如图 6-39 所示。

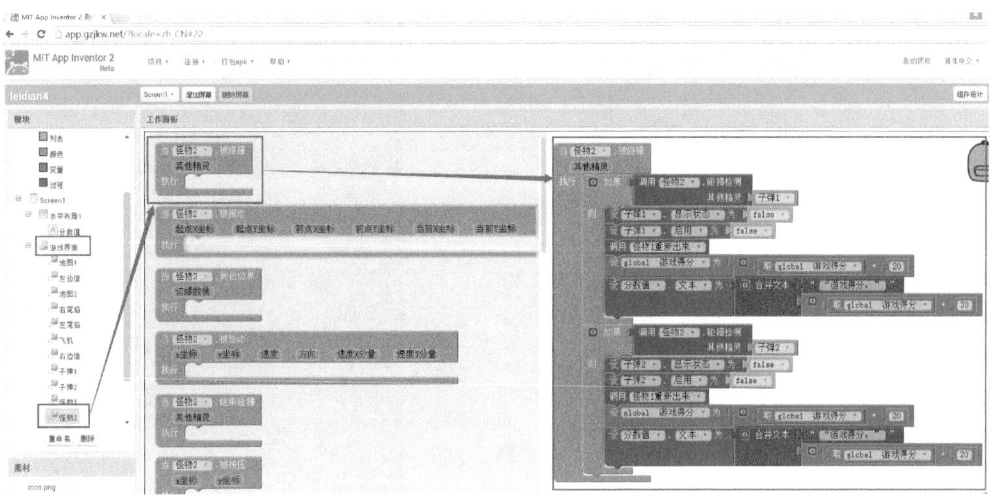

图 6-39　怪物 2 被子弹击中的处理

（5）新建飞机被怪物碰撞后的处理。首先判断飞机的碰撞检测，如果飞机被怪物 1 或者怪物 2 碰撞，设置飞机、子弹和左右尾焰消失，如图 6-40 所示。

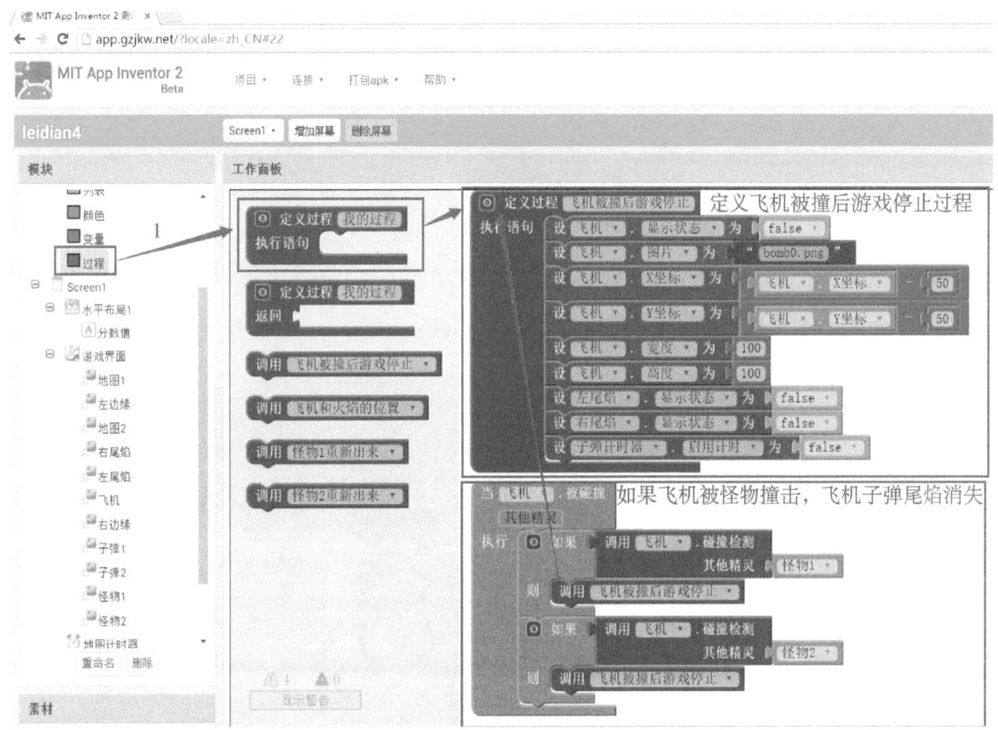


图 6-40　怪物 2 被子弹击中的处理

（6）怪物被子弹击中的处理功能和飞机被怪物碰撞后功能的效果如图 6-41 和图 6-42 所示。

图 6-41　怪物被子弹击中的处理效果

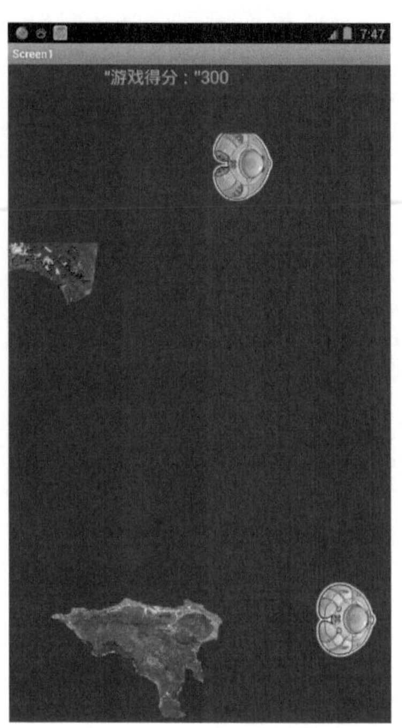


图 6-42　飞机被怪物碰撞后效果

### 6.4.5　飞机爆炸

（1）飞机的尾焰可以使用 8 张不同的图片动态显示。进入“内置块”→“变量”，初始化飞机尾焰序号和飞机尾焰图片列表两个全局变量。进入“尾焰计时器”→“当尾焰计时器计时”，对尾焰的图片进行轮询处理，如图 6-43 所示。

图 6-43　尾焰动画实现

（2）启用飞机爆炸计时器。进入“内置块”→“过程”，再单击“飞机被撞后游戏停止”过程，在“执行语句”最后面设置启用飞机爆炸计时器，如图 6-44 所示。

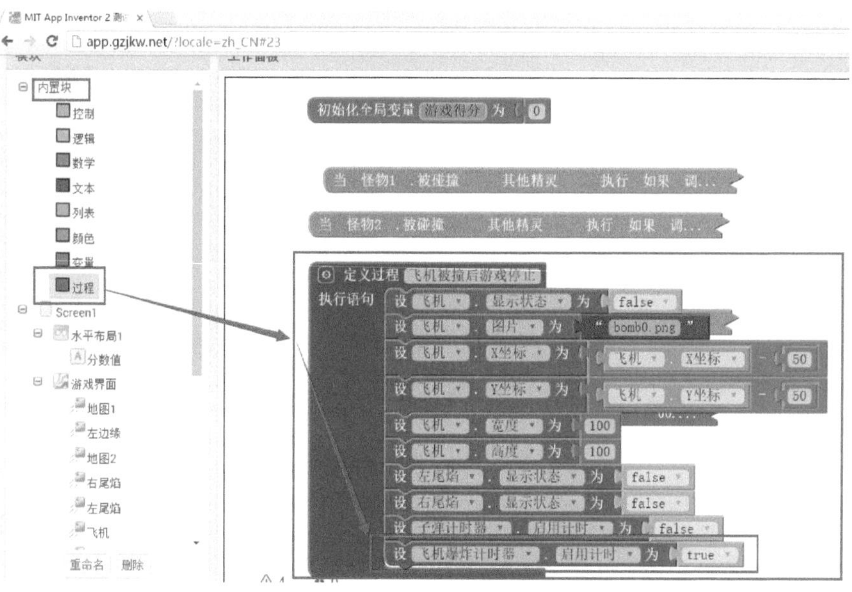

图 6-44　启用“飞机爆炸计时器”

（3）飞机爆炸后的尾焰可以使用 8 张不同的图片动态显示。进入“内置块”→“变量”，初始化“飞机爆炸图片显示序号”和“飞机爆炸图片列表”两个全局变量。进入“飞机爆炸计时器”→“当飞机爆炸计时器计时”，对爆炸时飞机的图片进行轮询处理，如图 6-45 所示。

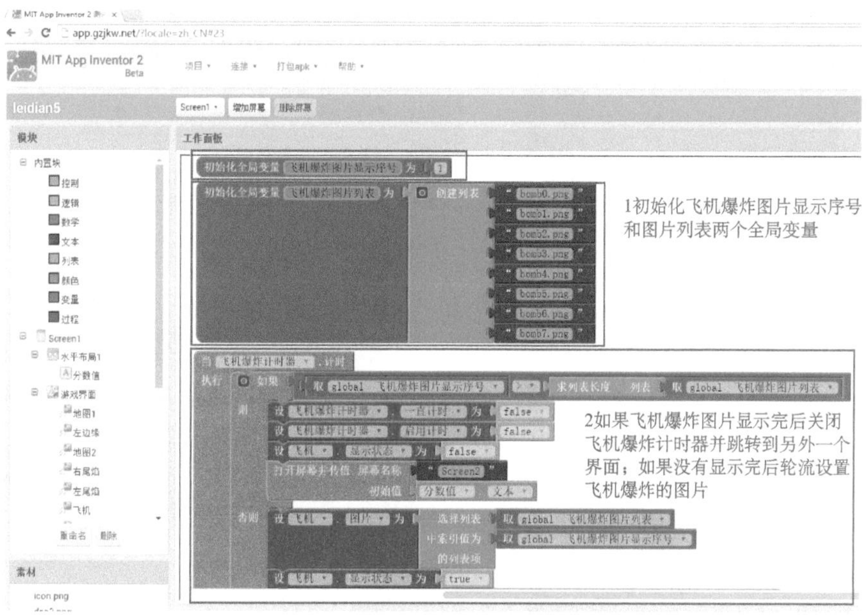


图 6-45　飞机爆炸计时器的处理

（4）游戏结束后跳转到另外一个界面。单击“Screen2”的逻辑设计，对“Screen2 初始化”、“再来一次”和“退出游戏”按钮等功能进行处理，如图 6-46 所示。

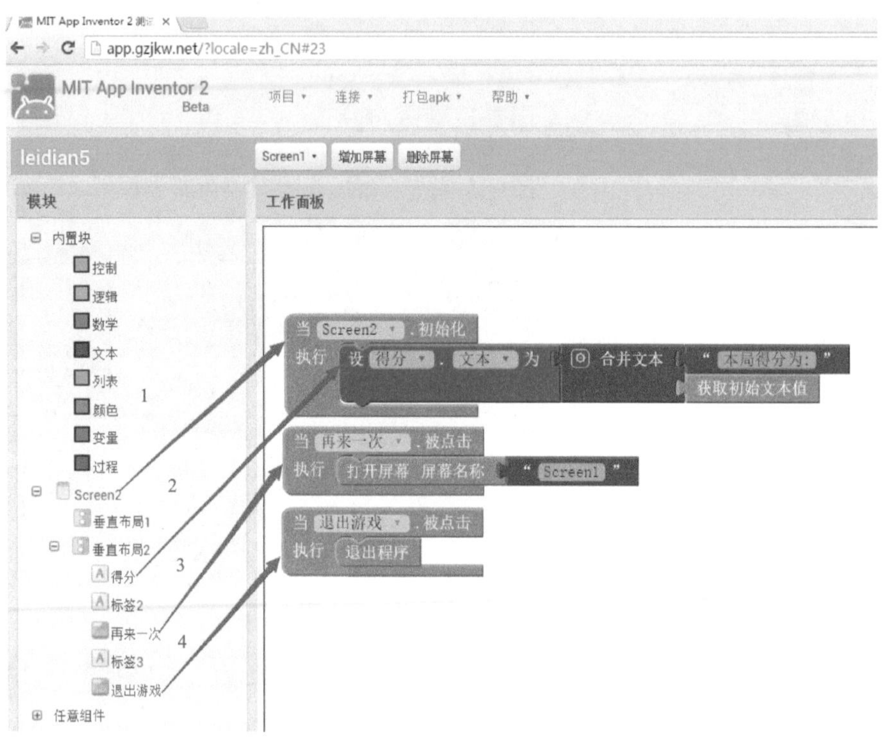

图 6-46　游戏结束处理

（5）飞机爆炸后的效果和游戏结束后的效果分别如图 6-47、图 6-48 所示。

图 6-47　飞机爆炸后的效果

图 6-48　游戏结束后的效果

# 第 7 章

# 翻牌游戏

**本章目标**

1. 掌握表格布局的方法。
2. 掌握列表的使用。
3. 掌握定义过程的使用。
4. 掌握随机数的使用。

# 7.1 任务描述

本章的内容是制作一个翻牌小游戏，本程序的运行如图 7-1 所示。

游戏说明：游戏开始时所有牌显示背面，玩家先翻开一张卡片，再翻开另一张卡片，如果两张卡片的正面图案相同，则两张卡片保持翻开状态，并且加分；如果两张卡片的正面图案不同，两张卡片将闪现片刻，然后反转回去，显示背面图案。能量耗尽或者找出所有的牌游戏就会结束。

图 7-1　游戏运行效果

# 7.2 开发前的素材准备工作

翻牌游戏开发所需要的素材如表 7-1 所示。

表 7-1　素材列表

| 类别 | 素材说明 | 素材名称 | 备注 |
|---|---|---|---|
| 图片 | 首页 – 标题图片 | tilte.jpg | |
| | 结束界面 – 标题图片 | over.jpg | |
| | 按钮图片 | cz.png | |
| | 按钮图片 | fyy.png | |

续表

| 类别 | 素材说明 | 素材名称 | 备注 |
| --- | --- | --- | --- |
| | 按钮图片 | hongtl.png | |
| | 按钮图片 | huitl.png | |
| | 按钮图片 | lyy.png | |
| | 按钮图片 | myy.png | |
| | 按钮图片 | xhh.png | |
| | 按钮图片 | xyy.png | |

# 7.3　程序的布局设计

## 7.3.1　清单设计

翻牌游戏组件列表清单如表 7-2 ~表 7-4 所示。

表 7-2　屏幕 Screen1 的组件列表

| 类别 | 分类 | 组件类型 | 组件名称 | 备注 |
| --- | --- | --- | --- | --- |
| 可视组件 | 屏幕 | 用户界面 – 图像 | 标题 | |
| | | 用户界面 – 标签 | 游戏说明 | |
| | | 用户界面 – 标签 | 标签 1 | |
| | | 用户界面 – 按钮 | 开始游戏 | |
| | | 用户界面 – 按钮 | 退出游戏 | |

表 7-3　屏幕 game 的组件

| 类别 | 分类 | 组件类型 | 组件名称 | 备注 |
| --- | --- | --- | --- | --- |
| 可视组件 | 屏幕 | 布局界面 – 水平布局 | 水平布局 1 | |
| | | 用户界面 – 标签 | 分数 | |
| | | 用户界面 – 标签 | 得分 | |
| | | 用户界面 – 标签 | 剩余能量 | |
| | | 用户界面 – 滑动条 | 滑动条 1 | |
| | | 布局界面 – 表格布局 | 表格布局 1 | |
| | | 用户界面 – 按钮（16 个） | 按钮 1 到 16 | |
| 不可视组件 | 计时器 | 传感器 – 计时器 | 重置牌面 | |
| | | 传感器 – 计时器 | 能量 | |

表 7-4　屏幕 over 的组件

| 类别 | 分类 | 组件类型 | 组件名称 | 备注 |
|---|---|---|---|---|
| 可视组件 | 屏幕 | 用户界面 – 图像 | 图像 1 | |
| | | 用户界面 – 标签 | 标签 1 | |
| | | 用户界面 – 标签 | 得分 | |
| | | 用户界面 – 标签 | 标签 2 | |
| | | 用户界面 – 按钮 | 再来一次 | |
| | | 用户界面 – 按钮 | 退出游戏 | |

## 7.3.2　布局过程

1. 新建项目

打开 App Inventor 开发环境，单击“项目”→“新建项目”，打开“新建项目”对话框，为项目命名为“fanpai”。

2. 上传素材

将翻牌游戏所需要的素材全部上传。

3. 首页布局

（1）在“Screen1”属性面板中将水平对齐修改为“居中”，把应用名称改为“翻牌游戏”。

（2）创建“图片”。进入“用户界面”抽屉，将“图片”拖曳到屏幕中，如图 7-2 所示。

（3）设置“图片”组件属性如图 7-3 所示。

图 7-2　拖取“图片”组件

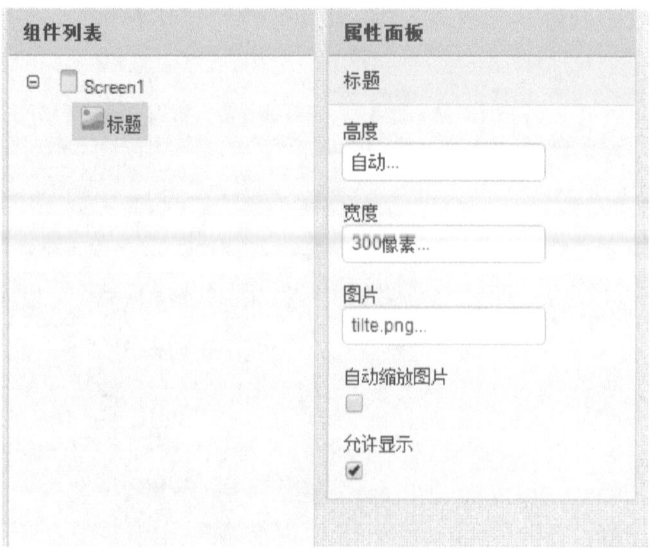


图 7-3　设置“图片”组件属性

（4）创建并设置说明标签。在“说明”属性面板中，设置“显示文本”为“玩家先翻开一张卡片，再翻开另一张卡片，如果两张卡片的正面图案相同，则两张卡片保持翻开状态；如果两张卡片的正面图案不同，两张卡片将闪现片刻，然后反转回去，显示背面图案。能量耗尽或者找出所有的牌游戏就会结束。”，“宽度”设为“80%”，其他设置如图 7-4 所示。

（5）添加“开始游戏”和“退出游戏”按钮，如图 7-5 所示。

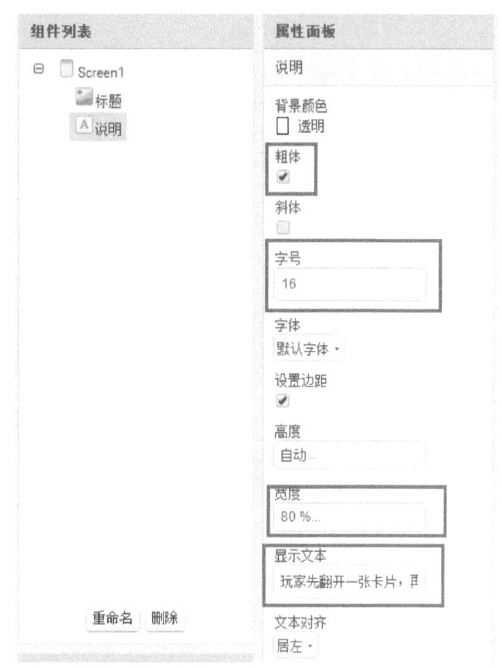


图 7-4　设置“标签”组件

图 7-5　添加两个按钮

4. 游戏界面布局

（1）增添新屏幕。单击“增添屏幕”按钮，为新屏幕命名为“game”，如图 7-6 所示。

图 7-6　添加新屏幕

（2）添加并设置水平布局。添加水平布局，将水平布局的“垂直对齐”改为“居中”，“高度”改为“50 像素”，“宽度”为“充满”，如图 7-7 所示。

图 7-7　添加并设置水平布局

（3）完成“水平布局”。首先添加并设置“得分”标签，如图 7-8 所示，然后添加并设置“分数”标签，将“分数”的宽度改为50像素，文本改为“0”，颜色改为红色，如图7-9 所示。

图 7–8　添加并设置“得分”标签

图 7–9　添加并设置“分数”标签

（4）继续完成“水平布局”。添加“剩余能量”标签，如图 7-10 所示，再添加“能量条”标签，打开“用户界面”抽屉，拖取“数字滑动条”，参照图 7-11 所示，修改其属性。

图 7-10　添加并设置“剩余能量”标签

图 7-11　添加并设置“能量条”

（5）添加并设置“表格布局”。将“表格布局”的“行数”、“列数”都设置为“4”，“高度”和“宽度”都设置为“320 像素”，如图 7-12 所示。

图 7-12　添加并设置“表格布局”

（6）在表格布局中添加并设置 16 个按钮，每个按钮的“高度”和“宽度”都设置为“80 像素”，按钮“文本”为空，如图 7-13 所示。

图 7-13　添加 16 个“按钮”

（7）添加两个计时器，其中一个计时器为“重置牌面”，将它的“一直几时”和“启用计时”取消，即取消勾选，“计时间隔”设置为“500”，如图 7-14 所示；另一个计时器为“能量”，属性默认即可。

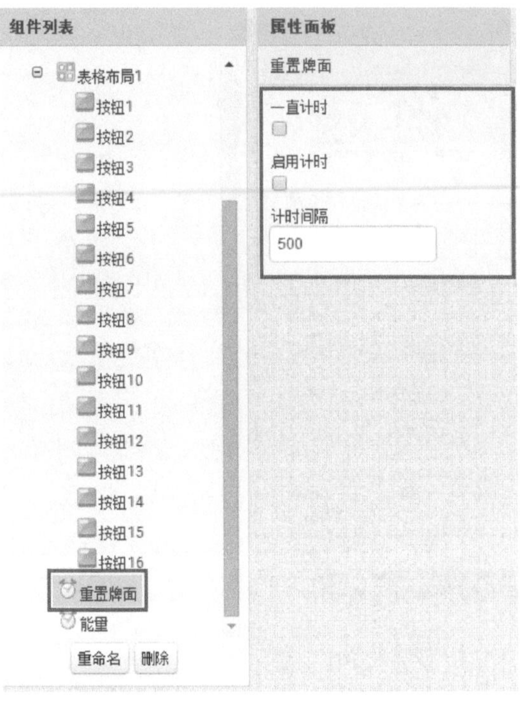


图 7-14　添加两个计时器

5. 结束界面

增添新的屏幕“over”，根据图 7-15 所示，完成结束界面的布局。

图 7-15　结束布局

# 7.4　任务操作

## 7.4.1　新功能块清单

翻牌游戏的功能块列表清单如表 7-5 所示。

表 7-5　屏幕的功能块清单列表

| 类别 | 分类 | 组件名称 | 组件名称 | 组件说明 | 备注 |
|---|---|---|---|---|---|
| 屏幕 | 屏幕 | 当屏幕初始化时 | 当 game 初始化时 执行 | 屏幕初始化时执行指定代码 | |
| 内置块 | 控制 | 打开屏幕 | 打开屏幕 屏幕名称 | 打开程序的其他屏幕 | |
| | | 退出程序 | 退出程序 | 关闭整个程序 | |
| | | 循环间隔执行 | 针对从 1 到 5 且增量为 1 的每个 数 执行 | 每增加一次增量执行一次 | |
| | | 打开屏幕并传递初始值 | 打开屏幕 并传递初始值 | 打开程序的其他屏幕并传递一个值 | |
| | | 屏幕初始文本值 | 屏幕初始文本值 | 获取屏幕的初始文本值 | |
| | | 循环执行 | 只要满足条件 就循环执行 | 满足条件即执行，直到不满足条件才停止 | |
| | 过程 | 定义过程 | 定义过程 我的过程 执行 | 定义一个过程，这个过程可以反复调用 | |
| | | 调用过程 | 调用 我的过程 | 调用定义好的过程 | |
| 任意组件 | 任意按钮 | 设某按钮的启用为… | 设某按钮组件的 启用 该组件为 设定值为 | 设置任意按钮的启用属性 | |
| | | 取某按钮的图片 | 取某按钮组件的 图片 该组件为 | 取任意按钮的图片 | |

## 7.4.2 编程操作

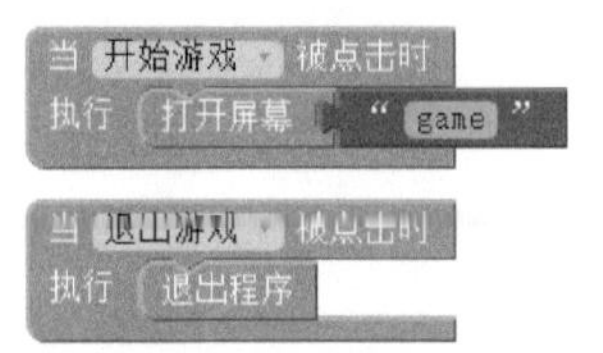


图 7-16 完成两个按钮被点击时的处理

1. 首页

完成两个按钮被点击时的处理，如图 7-16 所示。

2. 游戏界面

（1）完成“能量”计时器到达计时点时的处理

能量一共 60 点，每秒钟减少一点，当能量消耗完后游戏结束，参照图 7-17 所示，完成模块的拼接。

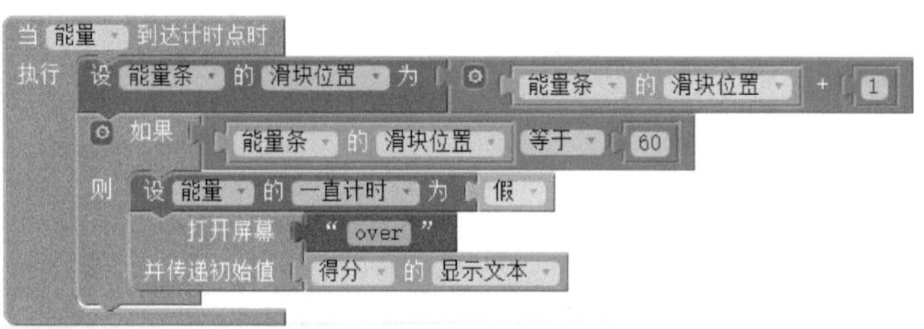


图 7-17 “能量”计时器的处理

（2）创建三个列表

①创建按钮列表，存放所有的按钮，如图 7-18 所示。

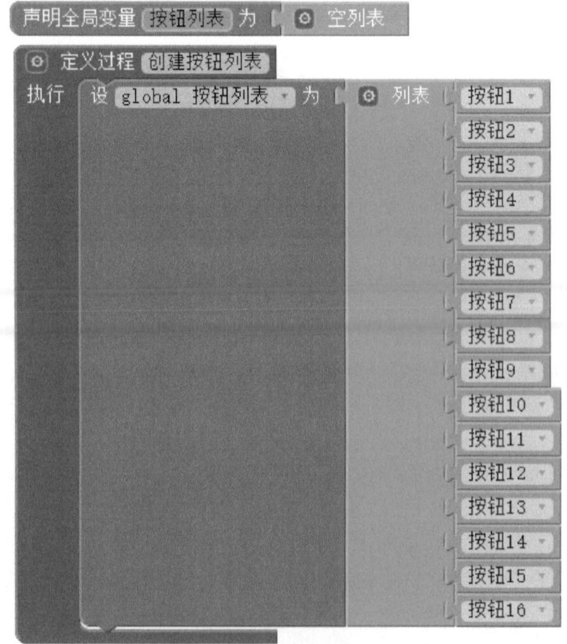


图 7-18 创建按钮列表

②创建图片列表，存放所有图片，如图 7-19 所示。

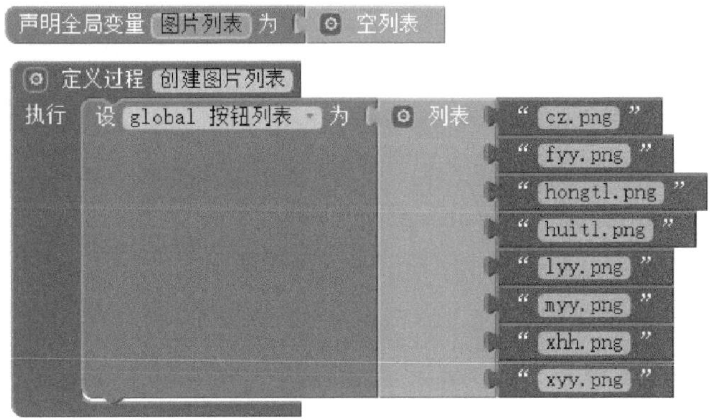


图 7-19　创建图片列表

③创建随机索引列表，存放乱序的数字 1 ~ 16，用于设置按钮的随机背景图片，如图 7-20 所示。

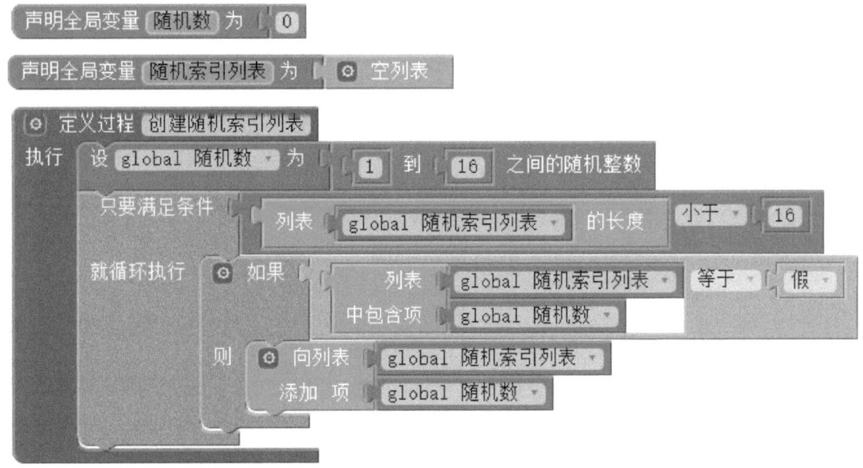


图 7-20　创建随机索引列表

④在屏幕初始化时创建三个列表，如图 7-21 所示。

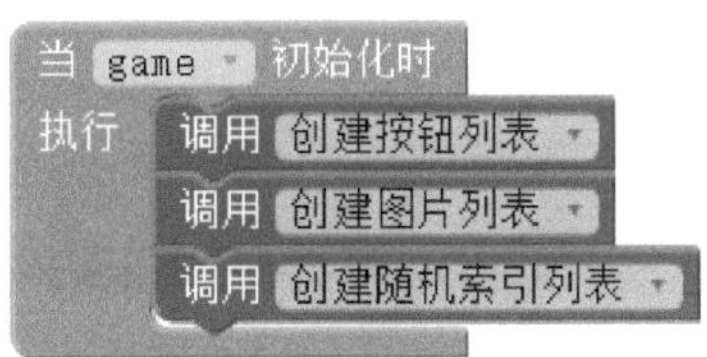


图 7-21　创建三个列表

（3）点击按钮时显示背景图片

①因为需要判断两张牌的图片是否相等，所以必须判断被点击的牌是第一张牌，还是第二张牌，我们用两个变量来记录翻牌数，如图 7-22 所示。

图 7-22　记录翻牌数

②因为我们需要记录翻牌数，所以被翻开的牌不能再次触发点击事件。当按钮被点击时应该显示背景图片，因为随机索引列表中存放的数字有 16 个，而图片只有 8 张，所以当随机按钮的图片索引大于 8 时，应减去 8，如图 7-23 所示。

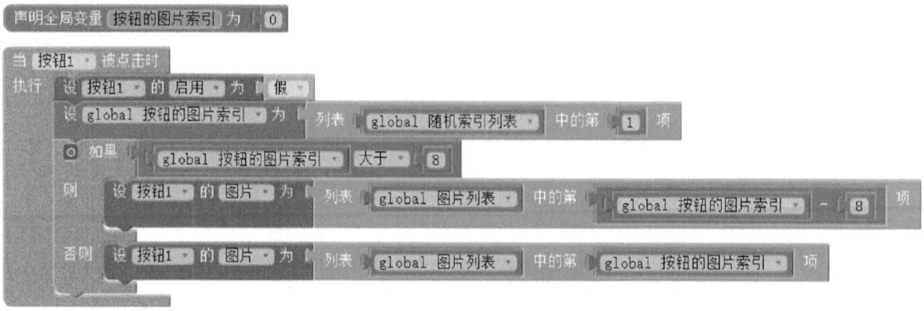

图 7-23　设置按钮背景图片

③当牌被翻开时，我们应该要进行判断它是第一张牌还是第二张牌，如果是第二张牌则要进行判断它们是否相同，如图 7-24 所示。

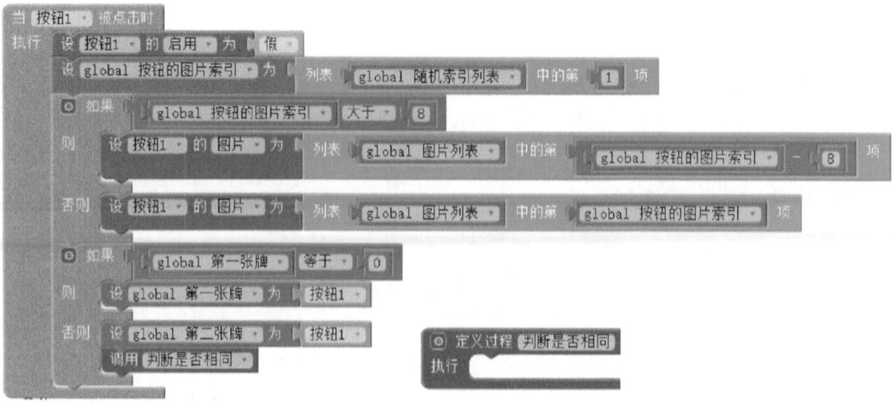

图 7-24　判断翻牌数

④当第二张牌被翻开时，我们应该禁止其他牌被翻开。打开“任意组件”→“任意按钮”抽屉，拖取“设某按钮组件的启用”模块，如图 7-25 所示，然后利用“循环”设置每个按钮的“启用”为假，如图 7-26 所示。

⑤如果翻开的两张牌背景图片相同，则将这两个按钮从列表中移除，并且初始化翻牌数，如图 7-27 所示。

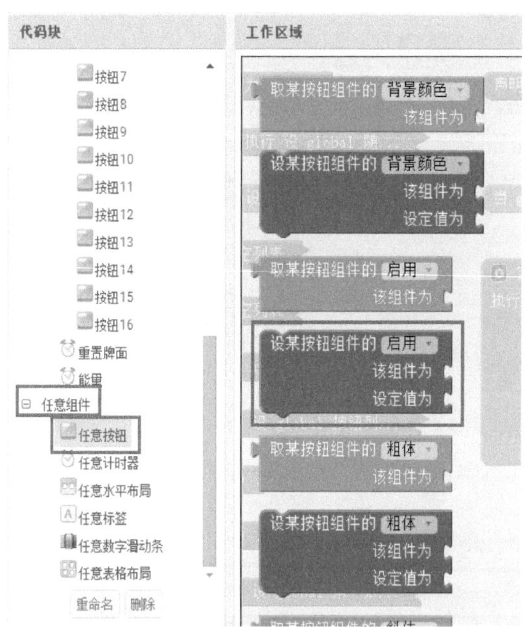


图 7-25　拖取“设某按钮组件的启动”组件

图 7-26　循环设置

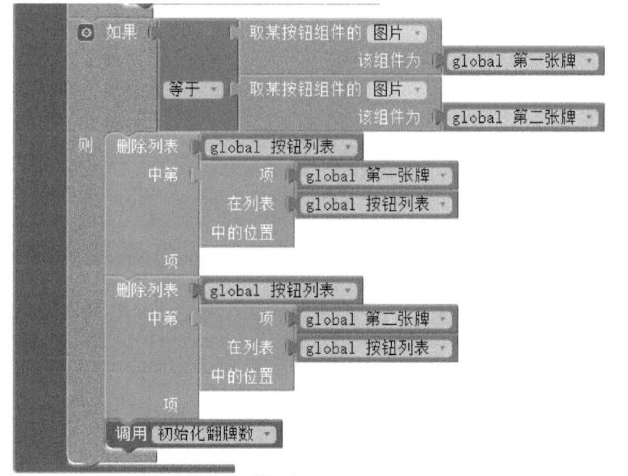


图 7-27　移除按钮和初始化翻牌数

⑥如果翻开的两张牌背景图片相同，则分数加 100，并且如果翻开的这对牌如果是最后一对，则游戏结束，否则，让其他按钮的启用状态恢复为“真”，如图 7-28 所示。

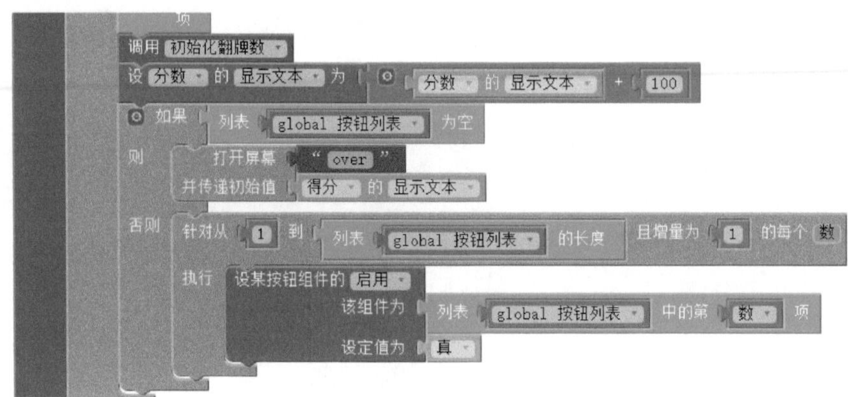


图 7-28　加分并判断是否为最后一对

⑦如果被翻开的两张牌的背景图片不相等，则应该重置牌面，并且让其他按钮的启用状态恢复为“真”，如图 7-29 所示。

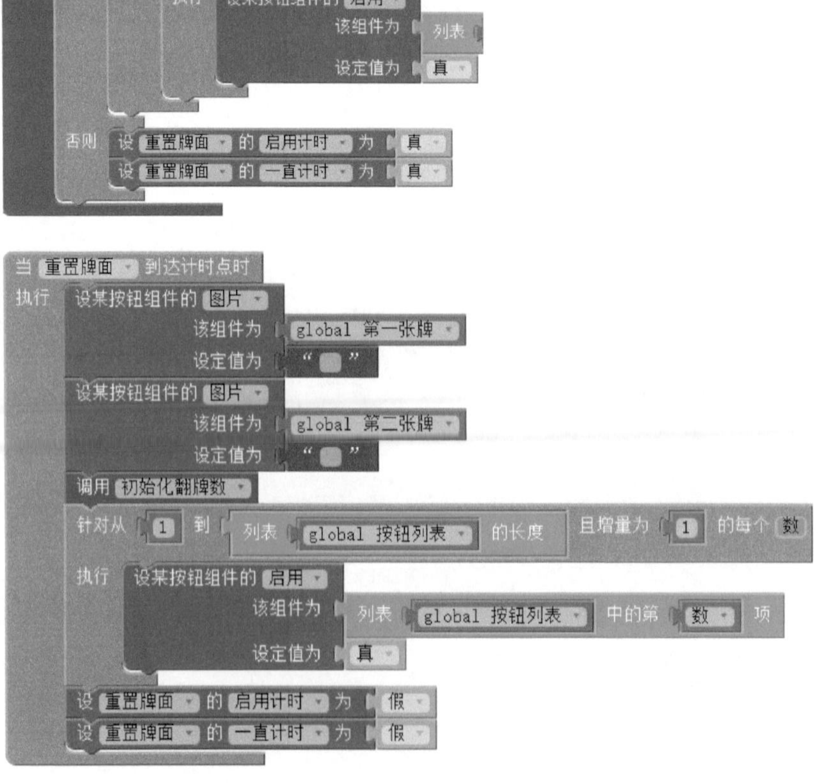


图 7-29　重置牌面

⑧参照以上步骤，对剩余的按钮 2 ~ 16 设置事件。

（4）结束界面

①让得分结果显示出来。打开“控制”抽屉，拖取“屏幕初始文本值”，并让得分结果显示出来，如图 7-30 所示。

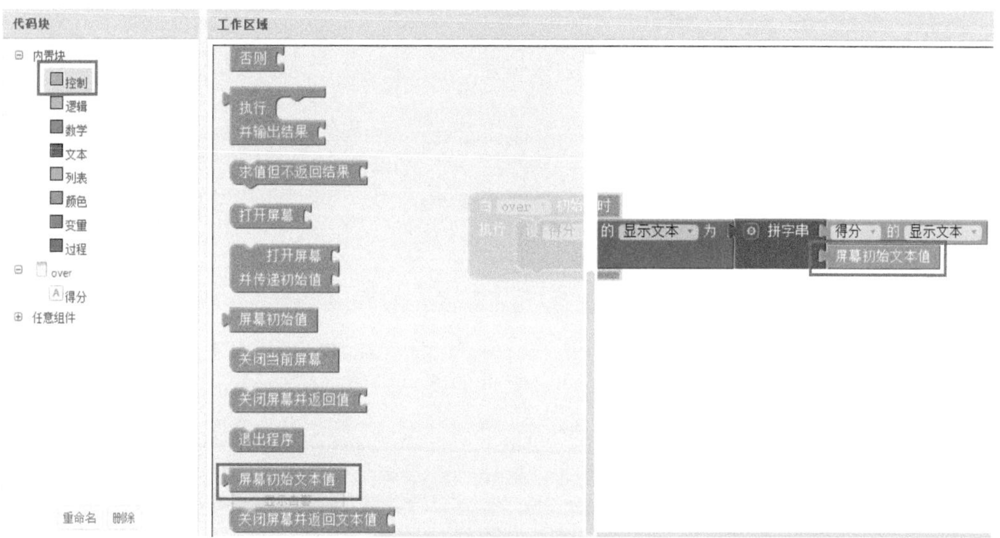

图 7-30　让得分结果显示出来

②完成两个按钮被点击时的处理，如图 7-31 所示。

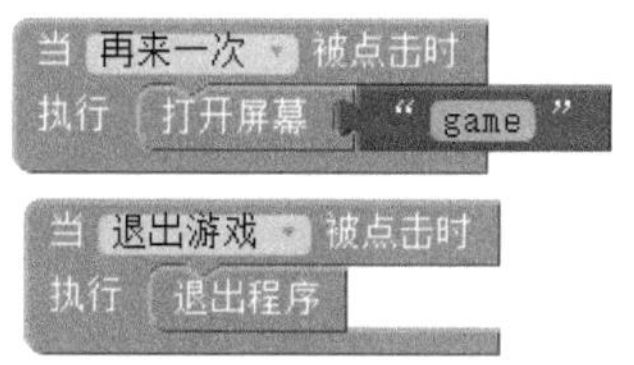

图 7-31　设置两个按钮的点击事件

# 第 8 章

# 乐高机器人

**本章目标**

1. 掌握列表选择框的使用。
2. 掌握 App Inventor 蓝牙客户端的使用。
3. 掌握 EV3 传感器和控制模块的使用。

# 8.1 任务描述

本章的内容是制作一个 EV3 控制器，本程序的运行如图 8-1 所示。

程序说明：实现对 EV3 小车的方向控制以及部分传感器的控制。

图 8-1　程序运行效果

# 8.2 程序的布局设计

## 8.2.1 清单设计

组件列表清单如表 8-1 所示。

表 8-1　组件列表

| 类别 | 分类 | 组件类型 | 组件名称 | 备注 |
| --- | --- | --- | --- | --- |
| 可视组件 | 屏幕 | 用户界面 – 列表选择框 | 列表选择框 1 | |
| | | 用户界面 – 滑动条 | 滑动条 1 | |
| | | 用户界面 – 标签 | 标签 1–2 | |
| | | 用户界面 – 按钮 | 收起，检测颜色，声音，前，后，左，右，停，退出 | |
| | | 界面布局 – 表格布局 | 表格布局 1 | |
| 不可视组件 | 传感器 | 传感器 – 计时器 | 计时器 1 | |
| | 通信 | 通信连接 – 蓝牙客户端 | 蓝牙客户端 1 | |
| | EV3 控制模块 | 乐高机器人 –EV3 马达 | 左边电机，中间电机，右边电机 | |
| | | 乐高机器人 –EV3 颜色传感器 | EV3 颜色传感器 1 | |
| | | 乐高机器人 –EV3 接触传感器 | EV3 接触传感器 1 | |
| | | 乐高机器人 –EV3 超声波传感器 | EV3 超声波传感器 1 | |
| | | 乐高机器人 –EV3 声音 | EV3 声音 1 | |

### 8.2.2　布局过程

1. 新建项目

打开 App Inventor 开发环境，单击“项目”→“新建项目”，在打开的“新建项目”对话框中为项目命名为“ev3control”。

2. 界面布局

（1）在“Screen1”属性面板中将应用名称改为“EV3 控制器”，水平对齐设为“居中”，背景颜色设为“黑色”。

（2）打开“用户界面”抽屉，将“列表选择框”组件拖取到工作面板中，并将其“高度”设为“50 像素”，“宽度”设为“充满”，“文本”设为“点击连接 EV3 蓝牙”，如图 8-2 所示。

（3）打开“用户界面”抽屉，将“滑动条”组件拖取到工作面板中，将其“宽度”改为“充满”，“最小值”改为“30”，“滑块位置”改为“50”，如图 8-3 所示。

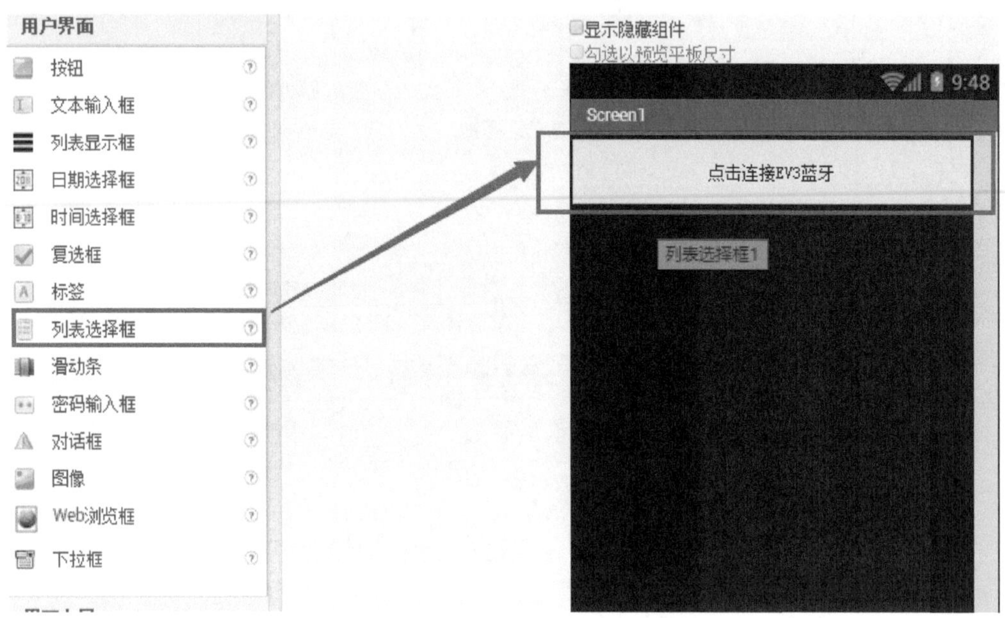


图 8-2　设置“列表选择框 1”组件

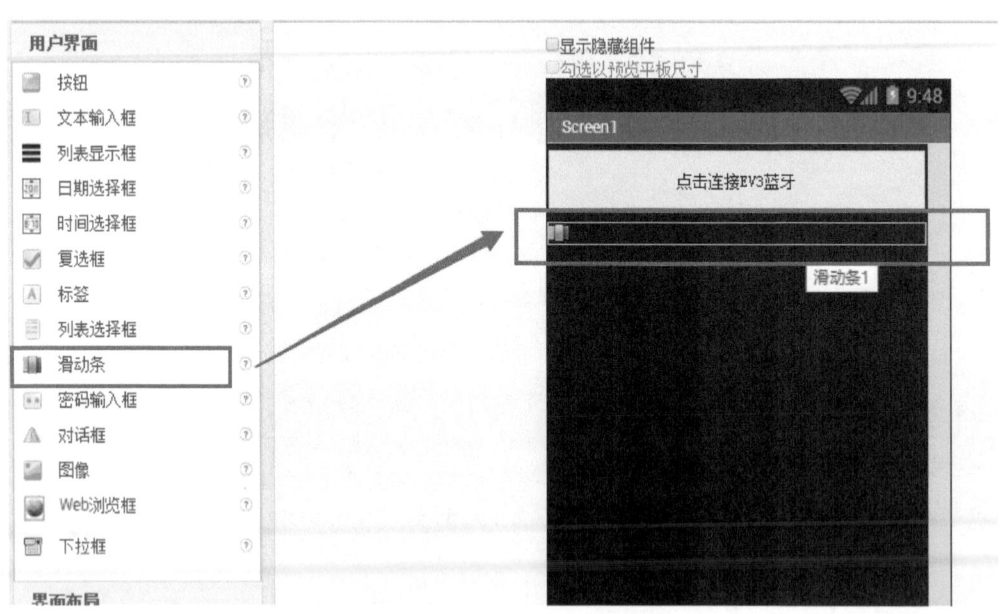


图 8-3　设置“滑动条 1”组件

（4）拖取“标签”组件放到“滑动条 1”下面，将其“高度”设为“40 像素”并去掉文本，如图 8-4 所示。

（5）将“表格布局”组件拖取放到“标签 1”下面，然后将其“列数”、“行数”都设为“3”，如图 8-5 所示。

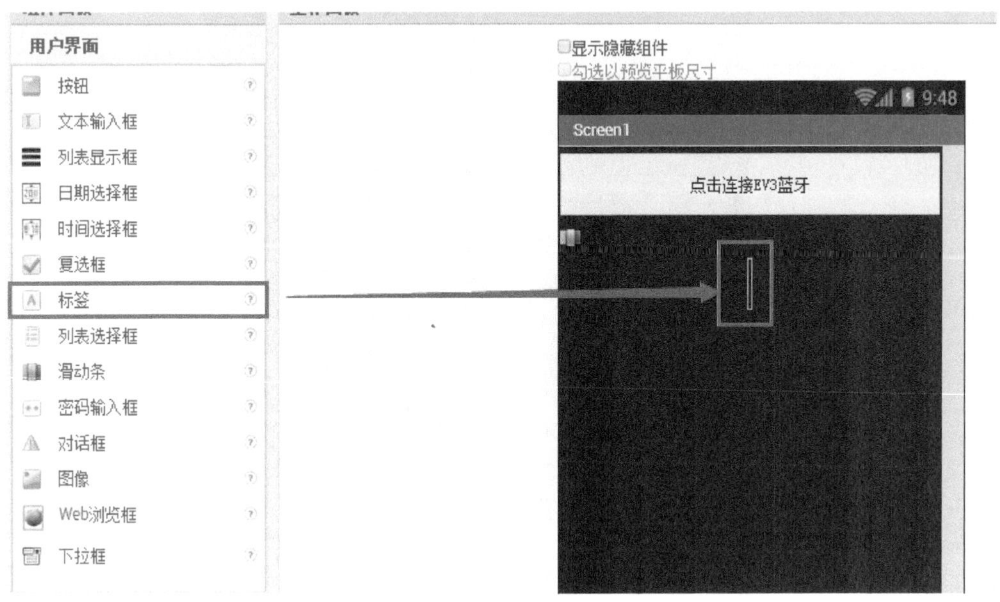


图 8-4　设置“标签 1”组件

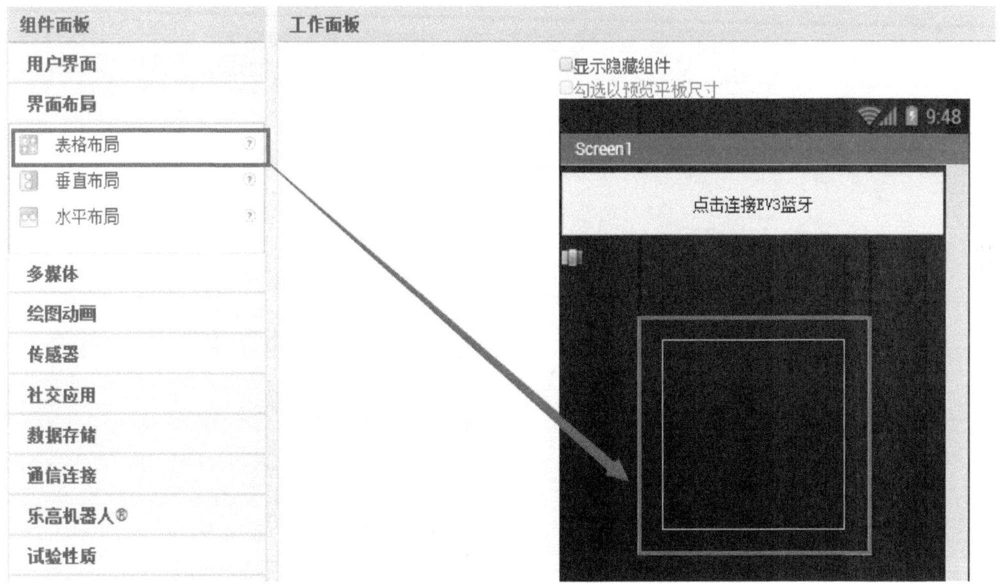


图 8-5　设置“表格布局 1”组件

（6）拖取“标签”组件放到“表格布局 1”后面，将其“高度”设为“40 像素”并去掉文本，如图 8-6 所示。

（7）拖取 1 个“按钮”组件放到“标签 2”后面，将其“宽度”设为“充满”，“文本”改为“退出程序”，如图 8-7 所示。

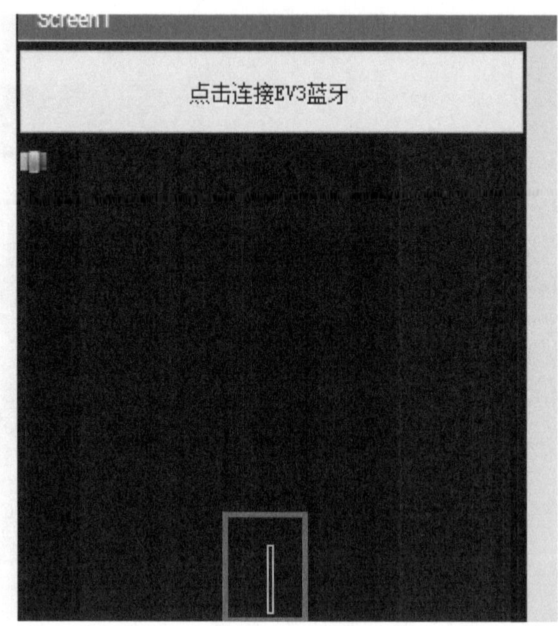


图 8-6　设置“标签 2”组件

图 8-7　设置“退出程序”组件

（8）拖取 7 个按钮放入“表格布局 1”中，将每个按钮的“宽度”和“高度”都设为

“80 像素”，并修改按钮的名称以及文本，如图 8-8 所示。

图 8-8　设置“按钮”组件

（9）打开“通信连接”抽屉，将“蓝牙客户端”组件拖取放入到工作面板，如图 8-9 所示。

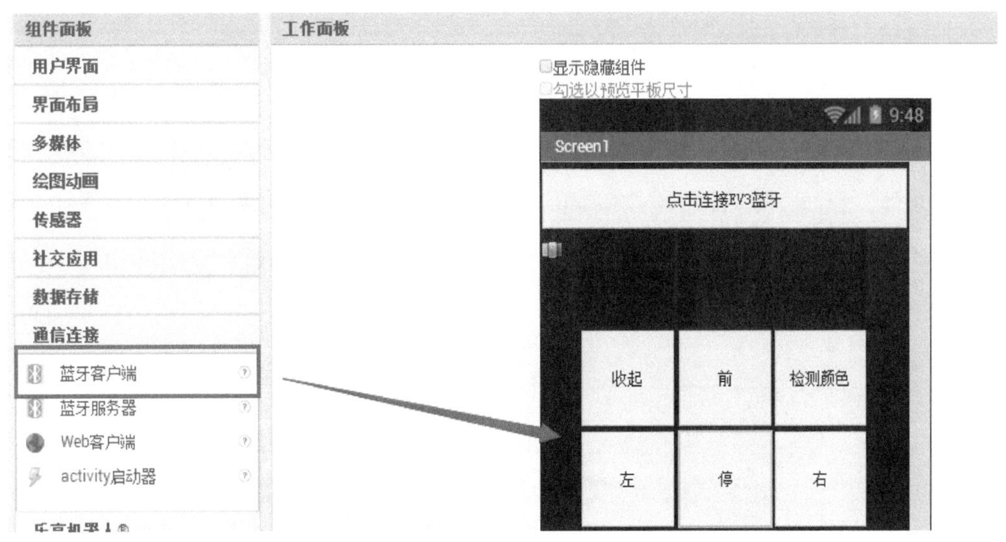

图 8-9　设置“分数”组件

（10）打开“传感器”抽屉，拖取“计时器”组件放入工作面板中，并将其“启动计时”取消，将“计时间隔”设为“500”，如图 8-10 所示。

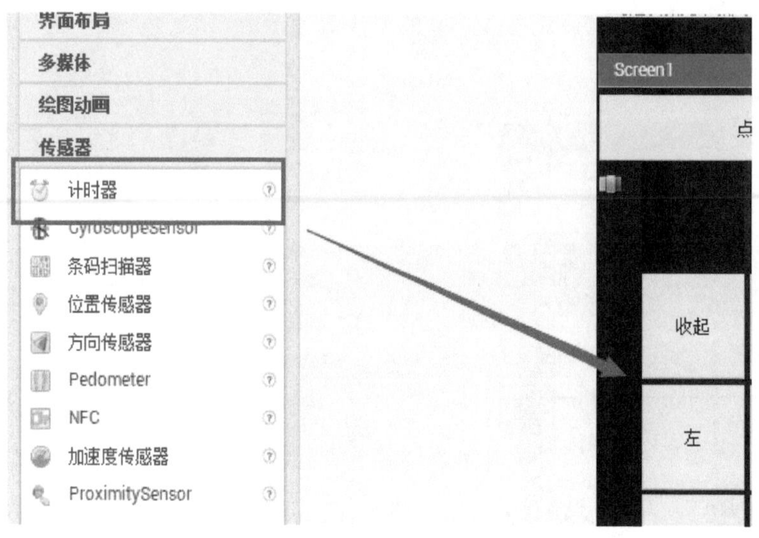

图 8-10　设置“计时器 1”组件

（11）打开“乐高机器人”抽屉，分别拖取 3 个“EV3 马达”组件，1 个“EV3 颜色传感器”组件，1 个“EV3 接触传感器”组件，1 个“EV3 超声波传感器”组件，1 个“EV3 声音”组件，放入工作面板中，并将 3 个“EV3 马达”的名字分别改为“左边电机”，“中间电机”，“右边电机”，如图 8-11 所示。

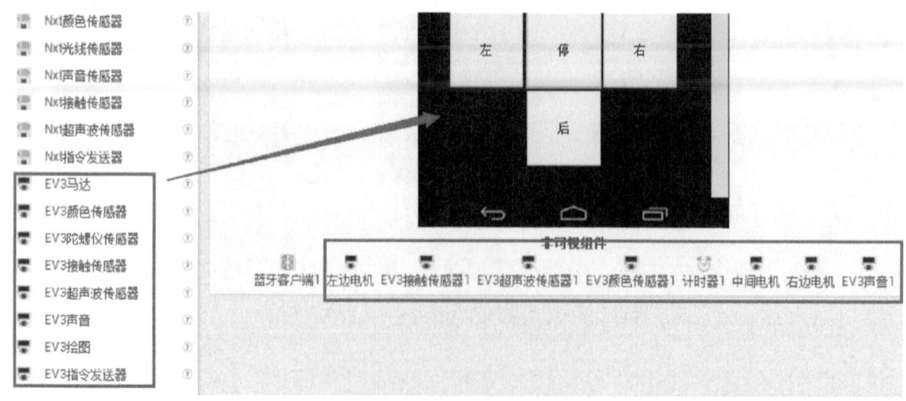


图 8-11　拖取并设置 EV3 组件

（12）将上一步中拖取的 EV3 组件的“蓝牙客户端”都设为“蓝牙客户端 1”，如图 8-12 所示。

（13）将“左边电机”的“马达埠号”改为“B”，“中间电机”的“马达埠号”改为“A”，“右边电机”的“马达埠号”改为“C”（马达埠号对应 EV3 主机上的端口 A ~ D），如图 8-13 所示。

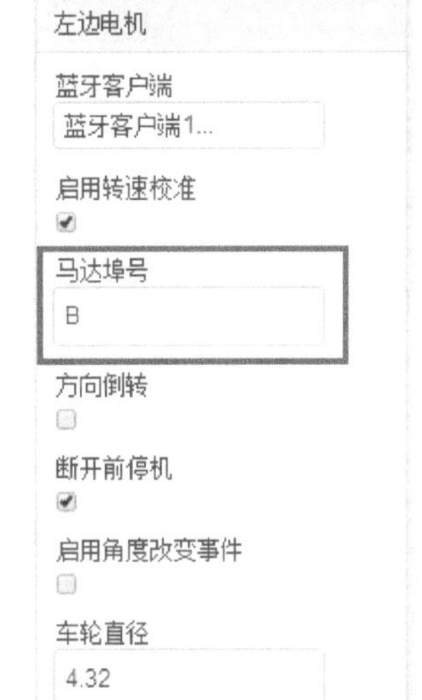


图 8-12　设置 EV3 组件　　图 8-13　设置“EV3 马达”组件

（14）将“EV3 接触传感器 1”的“启动触碰事件”设为“真”，“传感器端口”号设为 1（端口号对应 EV3 主机上的端口 1 ~ 5），如图 8-14 所示。

图 8-14　设置“EV3 接触传感器 1”

（15）将“EV3 超声波传感器 1”的“传感器端口”号设为“3”，再将“EV3 颜色传感器 1”的“传感器端口”号设为“4”。

（16）按照以上步骤完成布局部分，如图 8-15 所示。

图 8-15　布局完成界面

# 8.3　任务操作

## 8.3.1　新功能块清单

EV3 遥控器的新功能块列表清单如表 8-2 所示。

表 8-2　屏幕的功能块清单列表

| 类别 | 分类 | 组件名称 | 组件名称 | 组件说明 | 备注 |
|---|---|---|---|---|---|
| 屏幕 | 列表选择框 | 当列表选择框准备选择 |  当 列表选择框1 . 准备选择 执行 | 当列表选择框被点击时显示可选择列表 | |
| | | 当列表选择框选择完成 |  当 列表选择框1 . 选择完成 执行 | 当选中选择列表中的选项时触发 | |
| | | 设列表选择框的元素 |  设 列表选择框1 . 元素 为 | 设置列表选择框的元素，即列表的选项 | |
| | | 列表选择框的选中项 |  列表选择框1 . 选中项 | 在列表中所选中的选项 | |

续表

| 类别 | 分类 | 组件名称 | 组件名称 | 组件说明 | 备注 |
|---|---|---|---|---|---|
| 屏幕 | 蓝牙 | 蓝牙客户端的地址及名称 | 蓝牙客户端1 . 地址及名称 | 显示设备所搜索到的蓝牙服务端，一般用列表来接收 | |
| | | 调用蓝牙客户端连接 | 调用 蓝牙客户端1 . 连接 地址 | 调用设备的蓝牙客户端连接与地址对应的蓝牙服务端 | |
| | 滑动条 | 当滑动条的位置被改变 | 当 滑动条1 . 位置被改变 滑块位置 执行 | 拖动滑动条上的滑块时即滑动条的位置被改变 | |
| | EV3马达 | 调用 EV3 马达持续转动 | 调用 左边电机 . 持续转动 功率 | 通过蓝牙客户端发送指令，使对应的 EV3 马达持续转动 | 功率为正数则马达顺时针转动，反之逆时针转动 |
| | | 调用 EV3 马达停止 | 调用 左边电机 . 停止 启用刹车 | 通过蓝牙客户端发送指令，使对应的 EV3 马达停止转动 | 启动刹车为真则停止转动 |
| | | 调用 EV3 马达转动一段时间 | 调用 左边电机 . 转动一段时间 功率 毫秒数 启用刹车 | 通过蓝牙客户端发送指令，使对应的 EV3 马达转动一段时间 | |
| | EV3接触传感器 | 调用 EV3 接触传感器检查是否压紧 | 调用 EV3接触传感器1 . 检查是否压紧 | 通过蓝牙客户端发送指令至对应的 EV3 传感器 | 检查结果为“真”或“假”，如果压紧则返回“真” |
| | EV3超声波传感器 | 调用 EV3 超声波传感器获取距离 | 调用 EV3超声波传感器1 . 获取距离 | 通过蓝牙客户端发送指令至对应的 EV3 传感器 | 获取的距离单位有两种（厘米和英寸），可以自行设置 |
| | EV3颜色传感器 | 调用 EV3 颜色传感器获得颜色名称 | 调用 EV3颜色传感器1 . 取得颜色名称 | 通过蓝牙客户端发送指令至对应的 EV3 传感器 | 获取的颜色名称为颜色的英文名称（只能识别少量颜色） |
| | EV3声音 | 调用 EV3 声音播放音符 | 调用 EV3声音1 . 播放音符 音量 频率 毫秒数 | 通过蓝牙客户端发送指令给 EV3 主机使其播放音符 | |

### 8.3.2 编程操作

1. 屏幕初始化时的准备

（1）创建按钮列表，存放需要控制的按钮，如图 8-16 所示。

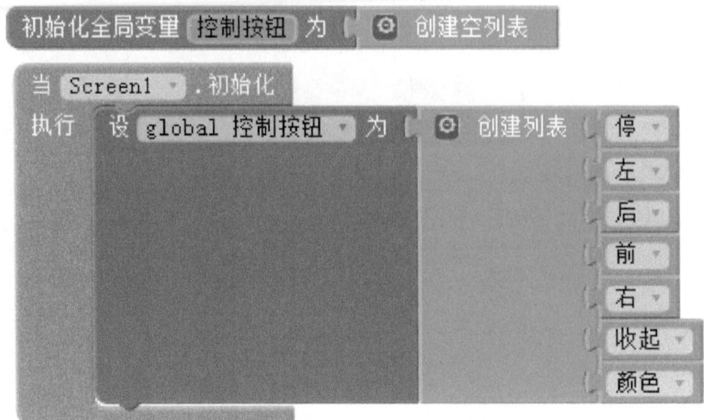


图 8-16 创建按钮列表

（2）设置列表中的按钮“启用”为“false”（假），因为未连接蓝牙，如图 8-17 所示。

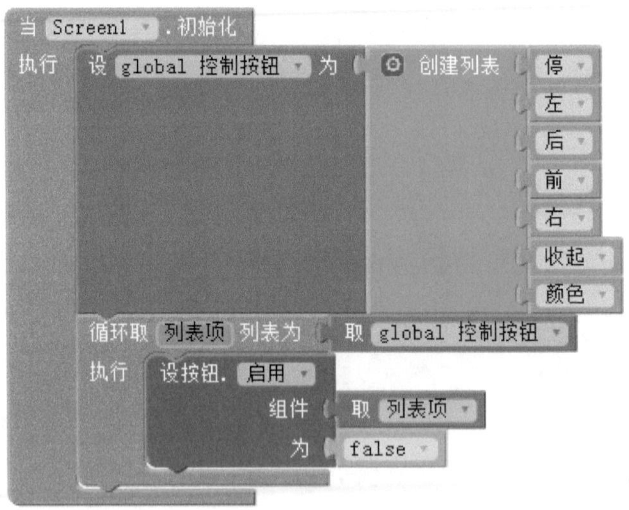


图 8-17 禁用按钮

2. 连接蓝牙

（1）完成列表选择框选项的设置，如图 8-18 所示。

图 8-18 设置选项

（2）完成蓝牙的连接，并启动按钮和计时器，如图 8-19 所示。

图 8-19 连接蓝牙和启动组件

3. 设计“滑动条 1”滑块事件

滑动条主要用来控制电机的运行功率，如图 8-20 所示。

图 8-20 控制运行功率

4. 设计“计时器 1”到达计时点事件

（1）首先判断“EV3 接触传感器 1”是否被压紧，即是否碰到障碍物，如果碰到则倒车，如图 8-21 所示。

图 8-21 倒车处理

（2）如果没碰到则判断前方有没有障碍物，通过“EV3 超声波传感器 1”获取与前方障碍物的距离，当距离达到指定范围后启动刹车，如图 8-22 所示。

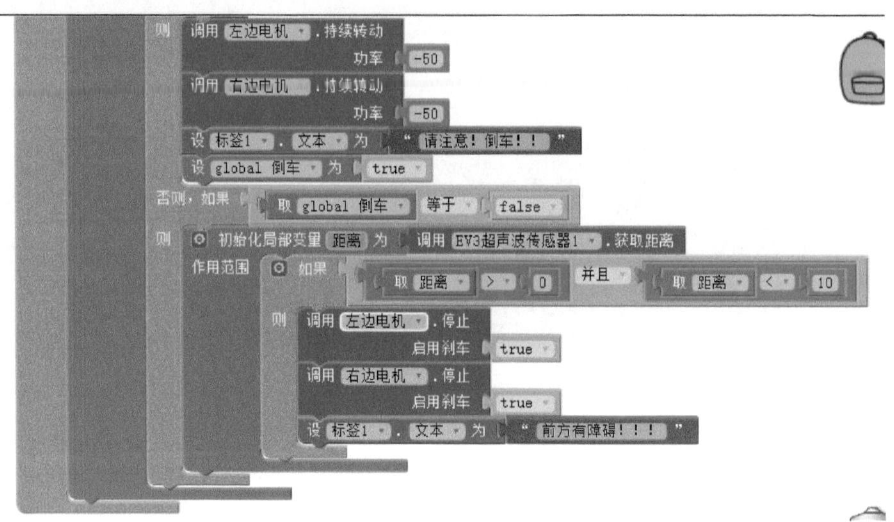


图 8-22　碰到障碍的刹车处理

5. 设计“收起”按钮被点击事件

单击“收起”按钮控制“中间电机”的行动，如图 8-23 所示。

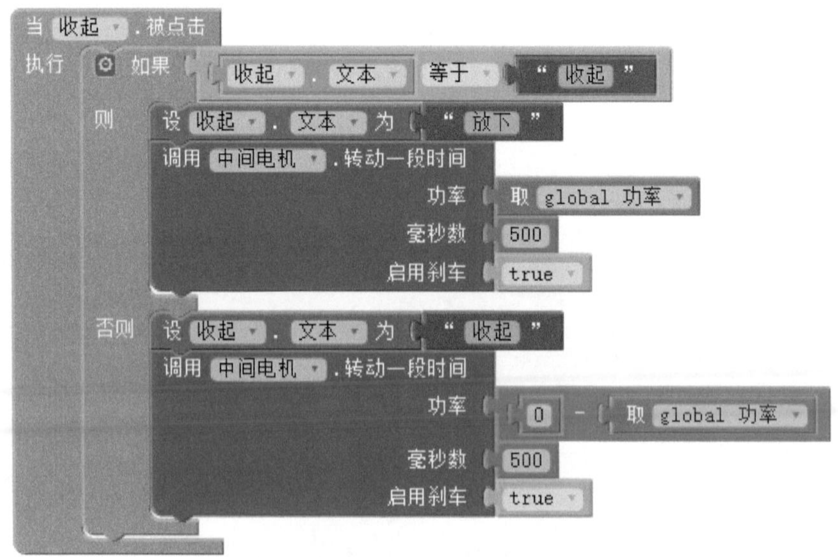


图 8-23　“收起”按钮的点击事件处理

6. 设计“颜色”按钮被点击事件

当“EV3 颜色传感器 1”检测到红色，即“red”时，调用“EV3 声音 1”播放音符，如图 8-24 所示。

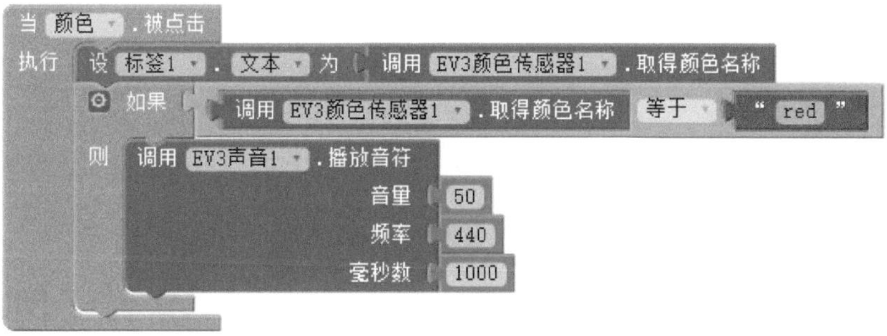
当 颜色 . 被点击
执行 设 标签1 . 文本 为 调用 EV3颜色传感器1 . 取得颜色名称
如果 调用 EV3颜色传感器1 . 取得颜色名称 等于 " red "
则 调用 EV3声音1 . 播放音符
音量 50
频率 440
毫秒数 1000

图 8-24　“颜色”按钮的点击事件处理

7. 实现 EV3 小车的方向控制

（1）小车前进的处理，即按钮“前”的事件处理，当小车前进则“倒车”状态为“false”（假），如图 8-25 所示。

初始化全局变量 前进 为 true
当 前 . 被点击
执行 调用 左边电机 . 持续转动
功率 取 global 功率
调用 右边电机 . 持续转动
功率 取 global 功率
设 标签1 . 文本 为 " 小车前进中…… "
设 global 倒车 为 false
设 global 前进 为 true

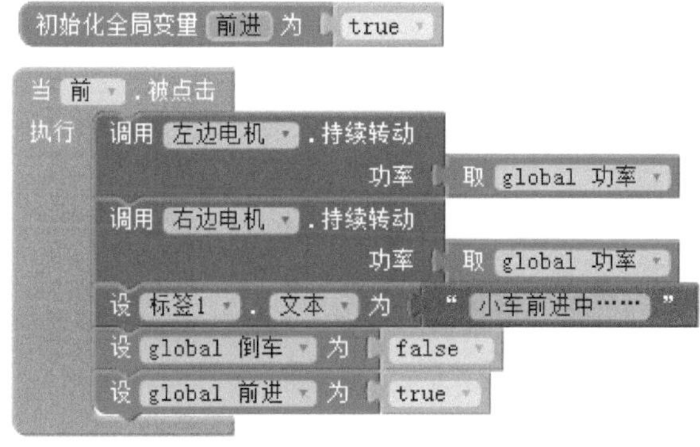

图 8-25　控制小车前进

（2）小车后退的处理，即按钮“后”的事件处理，当小车后退则“前进”状态为“false”（假），如图 8-26 所示。

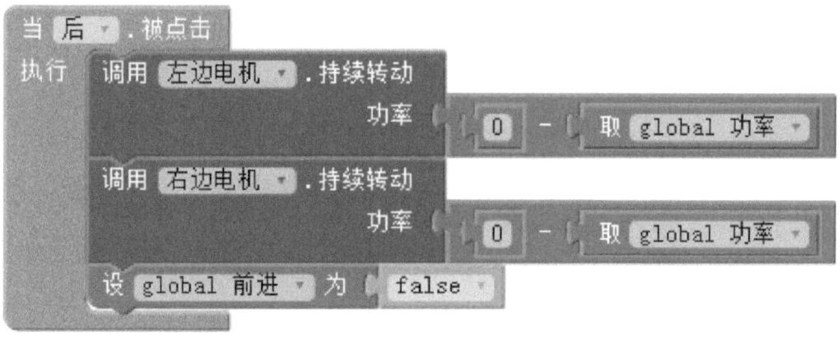
当 后 . 被点击
执行 调用 左边电机 . 持续转动
功率 0 - 取 global 功率
调用 右边电机 . 持续转动
功率 0 - 取 global 功率
设 global 前进 为 false

图 8-26　控制小车后退

（3）小车左转的处理，即按钮“左”的事件处理。小车左转的原理是右边车轮的速度比左边车轮的速度大，产生速度差，即可转弯，另外要判断是左后转弯还是左前转弯，如图 8-27 所示。

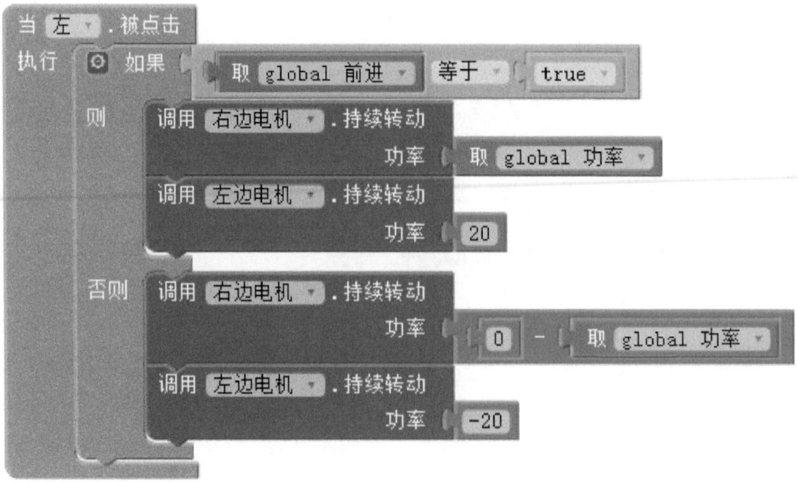


图 8-27　控制小车左转

（4）小车右转的处理，即按钮“右”的事件处理，右转的原理同左转，另外还要判断是右后转弯还是右前转弯，如图 8-28 所示。

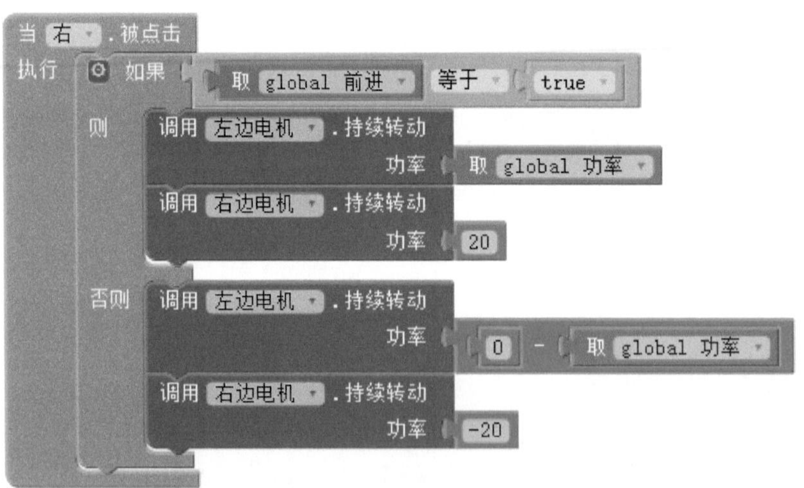


图 8-28　控制小车右转

（5）小车刹车的处理，即按钮“停”的事件处理，如图 8-29 所示。

图 8-29　控制小车刹车

### 8. 设计“退出”按钮被点击事件

当程序退出时应该断开蓝牙的连接，如图 8-30 所示。

图 8-30　退出程序

# 第 9 章 数独（六宫格）

**本章目标**

1. 掌握列表选择框的使用。
2. 学习算法的实现。

# 9.1 任务描述

本章的内容是制作一个数独小游戏，本程序的运行如图 9-1 所示。

游戏说明：游戏中有 36（6×6）个格子，按照已有的数字来推算，填写空白的格子。要求每行、每列和每个大格子（3×2）中都要有数字 1 ~ 6，且不能重复。

图 9-1　游戏运行效果

# 9.2 整体设计思路

在表格布局中创建 36（6×6）个列表选择框，利用列表，分别将每行、每列、每个大格子（3×2）的列表选择框存储到列表中，然后依次用随机生成的数字列表（1 ~ 6 不重复）填充大格子，这样可以保证每个大格子中不会出现重复数字。每次填充需要进行行检查（每行不能出现重复数字）、列检查（每列不能出现重复数字），如果填充失败，则返回主程序再次尝试填充，直到填充成功。当填充失败的次数超过一定限制时，则跳转页面，在新页面点击“重新生成”按钮来进行重新生成，这一步是为了防止全部格子填充完毕后进行随机挖空，然后生成数独。当“完成”按钮被点击时，则进入检查流程，检查通过即挑战成功，否则提示错误。

# 9.3　界面设计

## 9.3.1　组件清单

组件列表清单如表 9-1、表 9-2 所示。

表 9-1　屏幕 Screen1 的组件列表

| 类别 | 分类 | 组件类型 | 组件名称 | 备注 |
|---|---|---|---|---|
| 可视组件 | 屏幕 | 组件布局 – 水平布局 | 表格布局 1 | |
| | | 用户界面 – 标签 | 标签 1 | |
| | | 用户界面 – 列表选择框 | 列表选择框 1–36 | |
| | | 用户界面 – 按钮 | 完成 | |
| 不可视组件 | 屏幕 | 用户界面 – 对话框 | 对话框 1 | |

表 9-2　屏幕 Screen2 的组件列表

| 类别 | 分类 | 组件类型 | 组件名称 | 备注 |
|---|---|---|---|---|
| 可视组件 | 屏幕 | 用户界面 – 标签 | 标签 1 | |
| | | 用户界面 – 按钮 | 按钮 1 | |

## 9.3.2　界面布局

1. 新建项目

打开 App Inventor 开发环境，单击“项目”→“新建项目”，在打开的“新建项目”对话框中为项目命名为“Sudoku”。

2. Screen1 布局

（1）将“Screen1”的水平对齐设为“居中”，背景颜色设为黑色。

（2）创建并设置“表格布局 1”。打开“组件布局”，将“表格布局”组件拖取到工作面板中，然后将“表格布局 1”的“列数”和“行数”都设为“6”。

（3）创建并设置“列表选择框 1”。打开“用户界面”，将“列表选择框”组件拖取到“表格布局 1”中，设置“字号”为“20”。

（4）创建并设置其余 35 个“列表选择框”。参照步骤（3），依次拖取“列表选择框”放入“表格布局 1”中,“字号”设为“20”，完成后将“表格布局 1”的显示状态设为“false”，如图 9-2 所示。

（5）创建并设置“标签 1”。打开“用户界面”，拖取“标签”，设置“字号”为“20”，“字体”为“粗体”，“文本”为“数独生成中”，如图 9-3 所示。

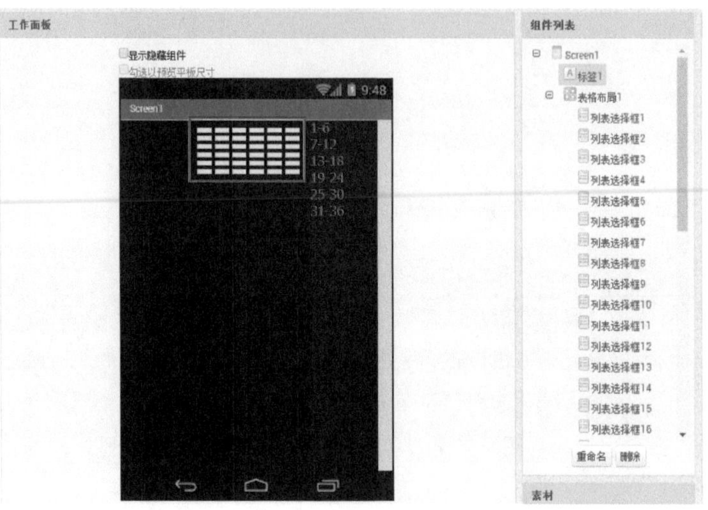


图 9-2　创建并设置“列表选择框”组件

（6）创建并设置“完成”按钮。拖取“按钮”组件放置到“标签 1”下面，将其“字体”设为“粗体”，“宽度”设为“80 像素”，“显示状态”设为“false”，如图 9-4 所示。

图 9-3　创建并设置“标签 1”

图 9-4　设置“完成”按钮

（7）创建“对话框 1”。打开“用户界面”，将“对话框”拖取到工作面板中。

（8）增加屏幕“Screen2”。点击“增加屏幕”按钮，在打开的“新建屏幕”对话框中将“屏幕名称”设为“Screen2”，单击“确定”按钮，如图 9-5 所示。

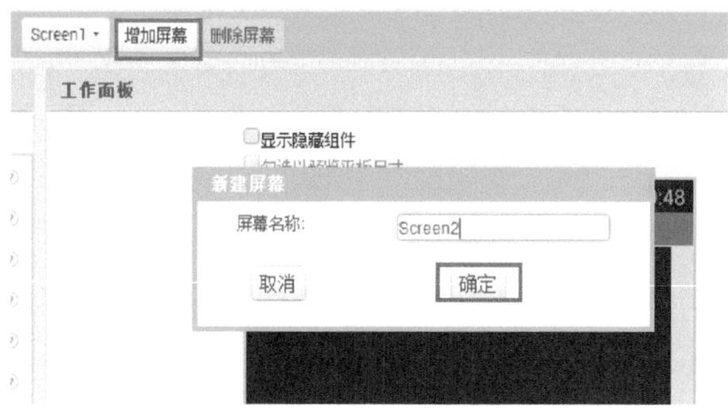


图 9-5　增加屏幕“Screen2”

3. Screen2 布局

（1）设置屏幕“Screen2”的“水平对齐”为“居中”。

（2）创建并设置“标签 1”。打开“用户界面”，拖取“标签”组件，将“标签 1”的“字号”设为“20”。

（3）创建并设置“按钮 1”。拖取“按钮”组件，将“按钮 1”的“文本”设为“重新生成”。

（4）布局完成界面，如图 9-6 所示。

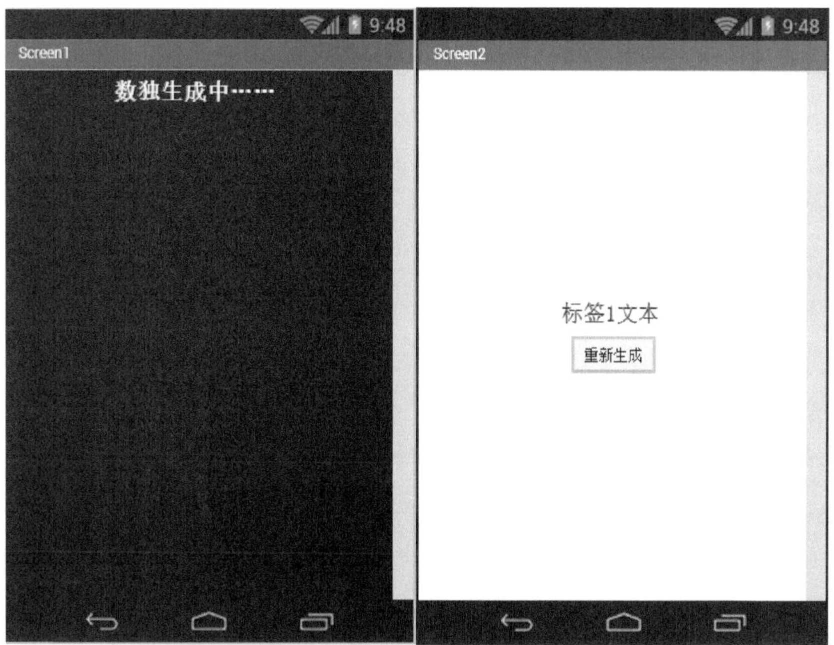


图 9-6　布局完成界面

# 9.4 代码编写

## 9.4.1 Screen1 编程

1. 创建行、列、大格子相关列表

（1）创建列表 row1 ~ 6 存放每行的列表选择框组件，rows 存放 row1 ~ row6，rowsText 存放所有行中列表选择框的文本。创建列表 column1 ~ column6 存放每列的列表选择框组件，columns 存放 column1 ~ column6，columnsText 存放所有列中列表选择框的文本。创建列表 bigGrid1 ~ bigGrid6 存放每个大格子的列表选择框组件，bigGrids 存放 bigGrid1 ~ bigGrid6，bigGridsText 存放所有大格子中列表选择框的文本，如图 9-7 所示。

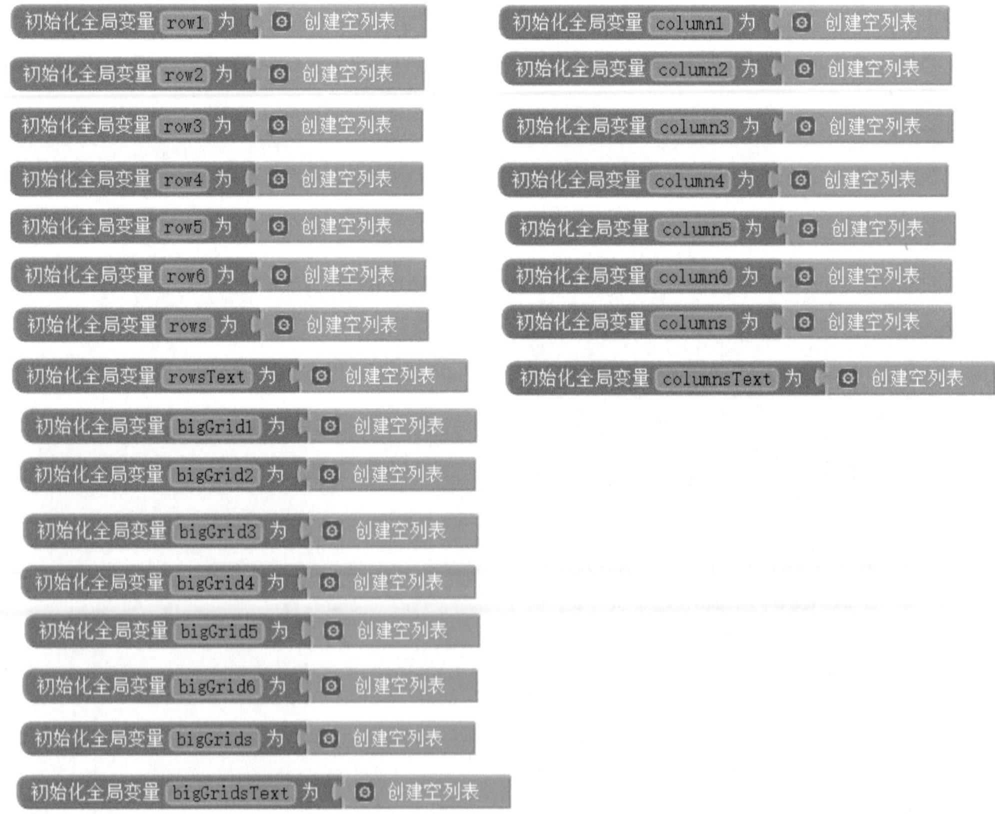


图 9-7 创建行、列、大格子相关列表

（2）定义过程“创建 row”，如图 9-8 所示。

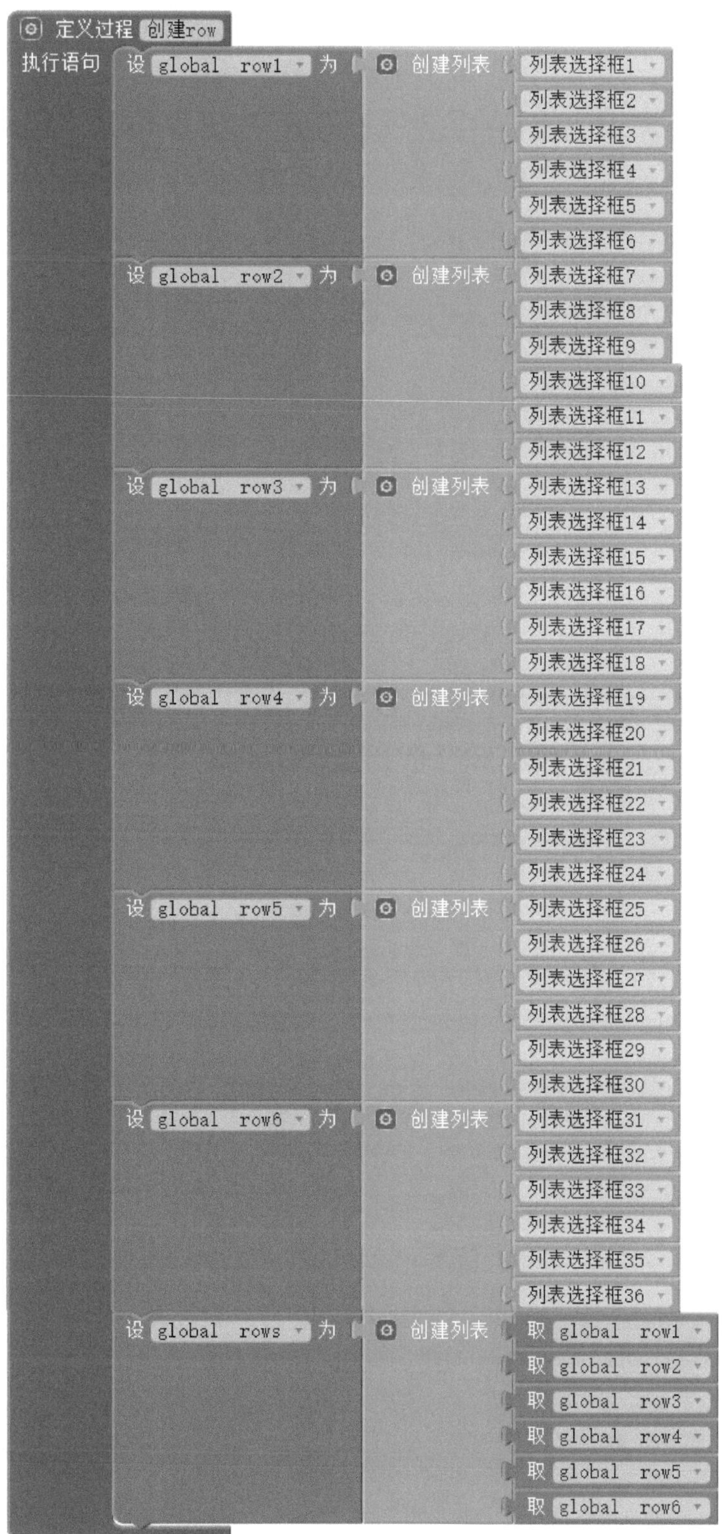


图 9–8　定义过程“创建 row”

（3）定义过程“创建 column”，要根据 rows 来创建 column，如图 9-9 所示。

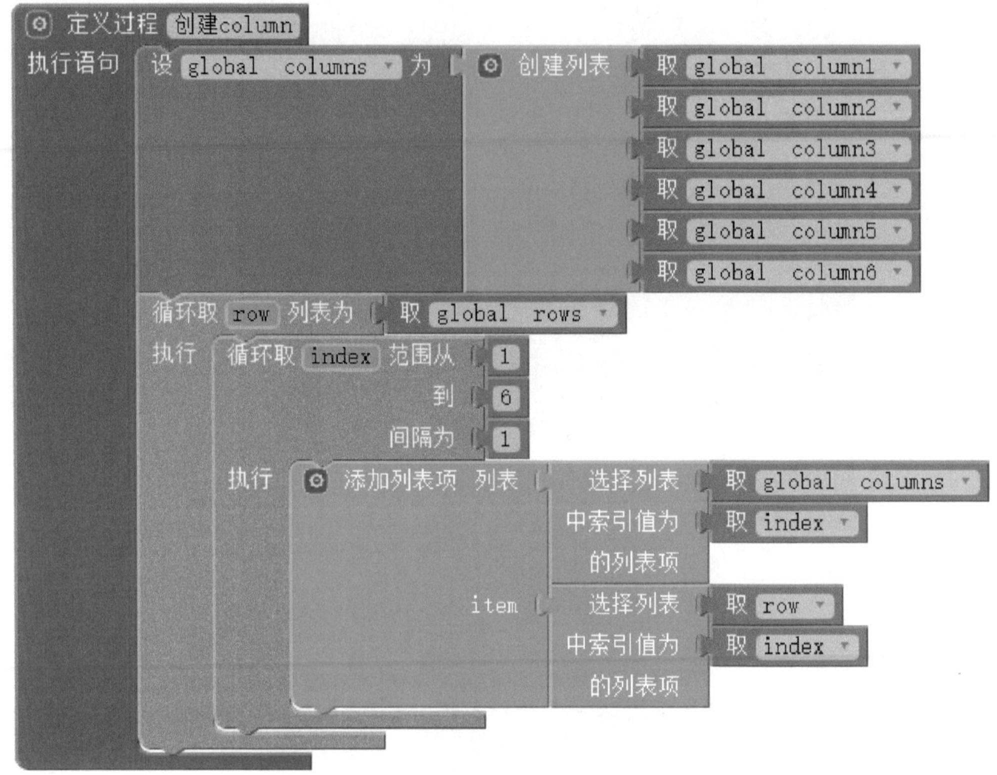


图 9-9　定义过程“创建 column”

（4）定义过程“创建 bigGrid”，要根据 rows 来创建 bigGrid，bigGrid 的位置不一样，所对应的 row 中的格子也不一样，如图 9-10 所示，所以我们应该根据 bigGrid 的位置来将 rows 中的格子加入到 bigGrid 中。

（5）定义过程“创建 Texts”，其实 rowsText 和 columnsText 为空列表，bigGridTexts 为 6×6 的所有元素为空字串的列表，如图 9-11 所示。

2. 组件初始化

（1）对比图 9-1 和图 9-2，我们发现布局效果和运行效果不一样，所以要进行一系列的初始化布局。定义过程“初始化布局”，分别设置每个列表选择框的“宽度”、“高度”、“字号”、“背景颜色”以及“启用”状态，如图 9-12 所示。

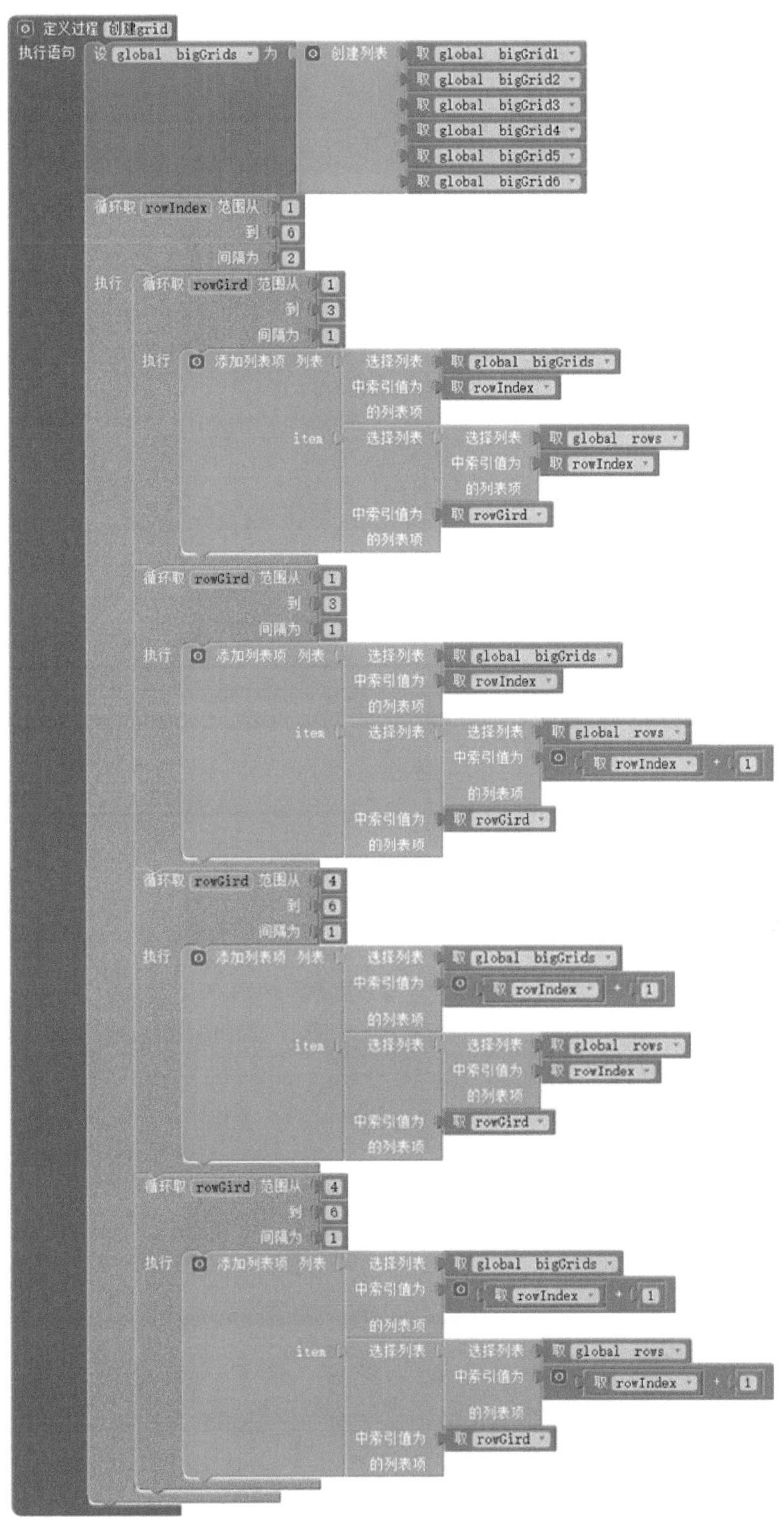


图 9-10　定义过程“创建 bigGrid”

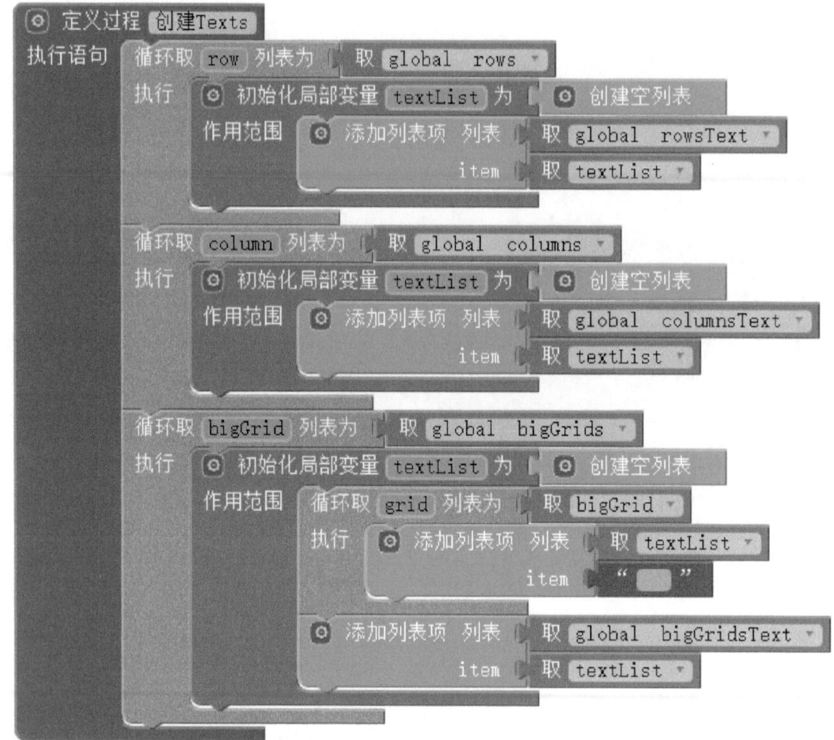


图 9-11 定义过程“创建 Texts”

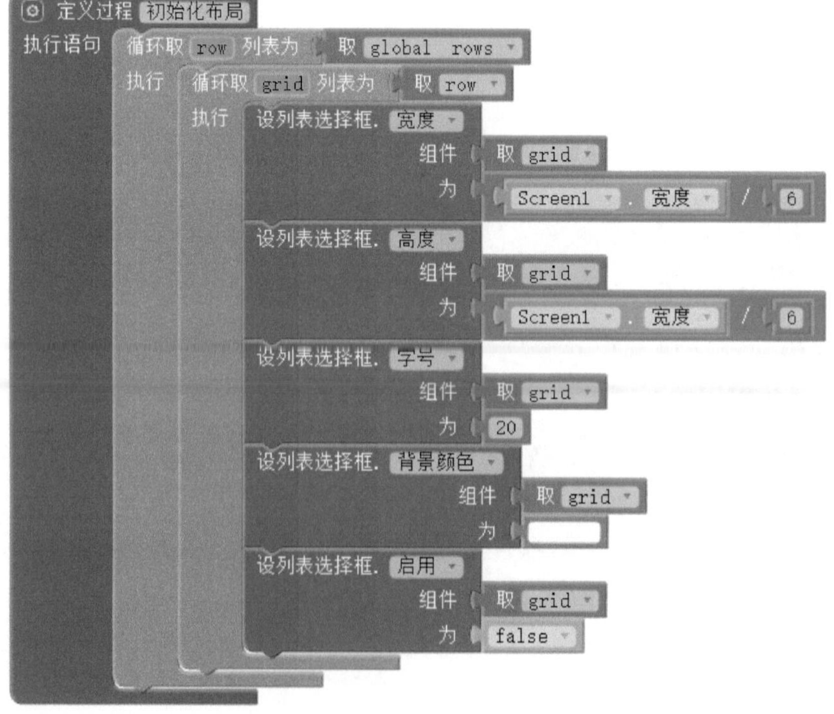


图 9-12 定义过程“初始化布局”

（2）每个列表选择框的可选择元素都是 1 ~ 6，定义过程“设置选择框元素”，为每个列表选择框设置元素字串，如图 9-13 所示。

图 9-13　定义过程“设置选择框元素”

（3）当列表选择框被点击时会进入选择列表，当选择列表中的元素被选择时会发生列表选择框选择完成事件，定义过程“选择框选择事件”，该过程需要传入一个参数“选择框”，如图 9-14 所示。

定义过程 选择框选择事件 选择框
执行语句 设列表选择框. 文本
组件 取 选择框
为 列表选择框. 选中项
组件 取 选择框

图 9-14　定义过程“选择框选择事件”

（4）当列表选择框选择完成时，即调用过程“选择框选择事件”，如图 9-15 所示。

图 9-15　当列表选择框选择完成事件

（5）参照步骤（4）分别对列表 2 ~ 36 设置选择完成事件。

（6）当屏幕初始化时调用定义好的过程，然后运行程序，查看布局效果，如图 9-16 所示。

3. 格子填充——填充准备

（1）进行填充时，要求每个大格子的元素都不重复，且是随机数字 1 ~ 6 的组合，定义列表“randoms”，用于存放生成的随机数列表，定义过程“生成随机数”，用于生成随机数列表，如图 9-17 所示。

图 9-16　屏幕初始化时进行组件初始化

图 9-17　生成随机数列表

（2）定义全局变量“failureTimes”用于记录填充大格子失败的次数。定义全局变量“fillTimes”，用于记录填充小格子成功的次数。定义全局变量“next”，用于记录是否进入下一次填充。定义全局变量“fillSuccess”，用于记录是否填充成功，如图 9-18 所示。

图 9-18　定义全局变量“failureTimes”、“fillTimes”、“next”、“fillSuccess”

（3）在开始填充后，我们需要判断这一行是否满足填充条件，如果满足条件则判断这一列是否满足填充条件，只有所有条件都满足才进行填充。所以我们要定义 4 个过程，分别是“fill”、“rowInspect”、“columnInspect”、“addItem”，如图 9-19 所示。

图 9-19　定义过程“fill”、“rowInspect”、“columnInspect”、“addItem”

（4）在外循环中，每次填充一个大格子，每个大格子的填充都需要重新生成一个随机数列表，还需要将全局变量“next”重置为“true”，将“fillTimes”重置为 0。在内循环中，顺序取随机数列表中的数，每次填充一个小格子，如果满足条件则调用“rowInspect”，进入行检查，如图 9-20 所示。

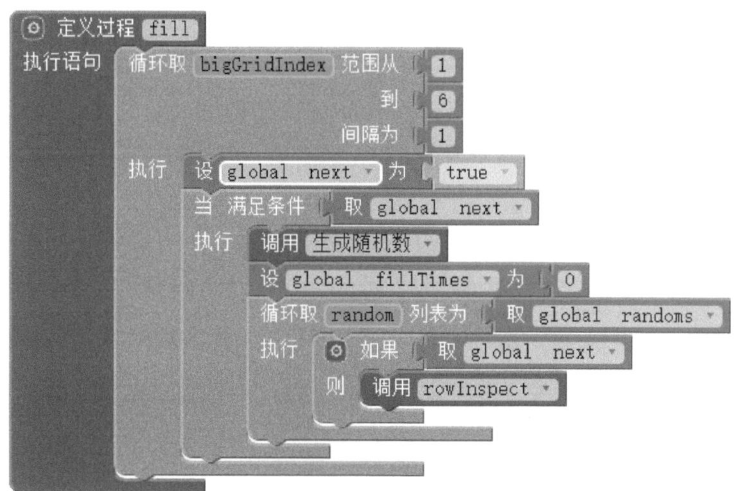


图 9-20　过程“fill”1

（5）每次填充成功则“fillTimes”加 1，如果大格子填充成功则“fillTimes”等于 6，此时设“next”为“true”，跳出内循环，进入下一个大格子的填充，即进入外循环；否则为填充失败，“failureTimes”应该加 1，当“failureTimes”超出限制（这里上限为 100），则跳转到屏幕“Screen2”，并传递初始值“生成失败！”，如图 9-21 所示。

4. 格子填充——行检查

（1）进行行检查时，需要根据大格子的下标，即“bigGridIndex”，来判断需要检查的是第几行，还需要结合当前填充的随机数进行判断，所以过程“rowInspect”需要接收两个参数，如图 9-22 所示。

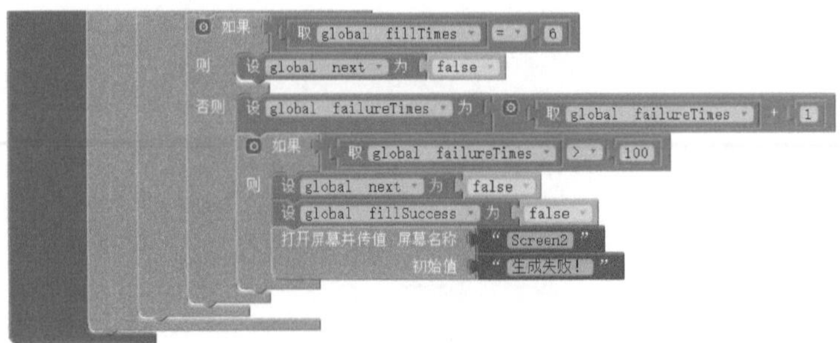

图 9-21　过程“fill”2

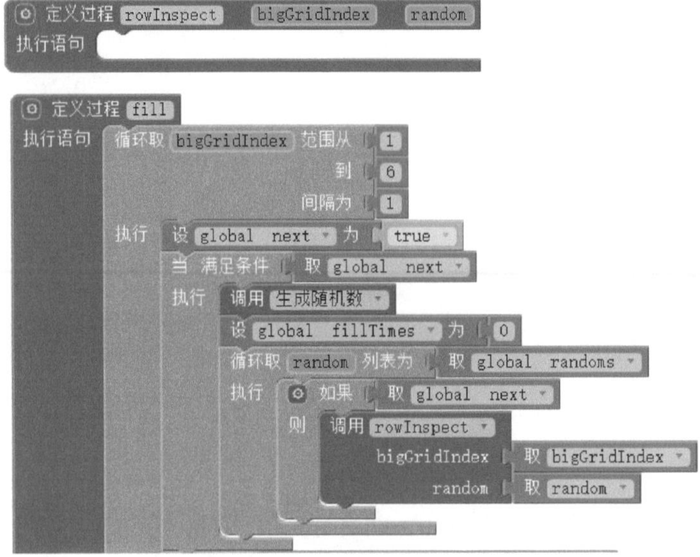

图 9-22　设置过程“rowInspect”的参数

（2）初始化局部变量“gridIndex”和“rowIndex”，“gridIndex”用于记录小格子在大格子中的下标，“rowIndex”用于记录当前行的下标。然后根据“bigGridIndex”来判断当前需要检查的行下标，第一、第二个大格子对应的是第一、第二行，以此类推，如图 9-23 所示。

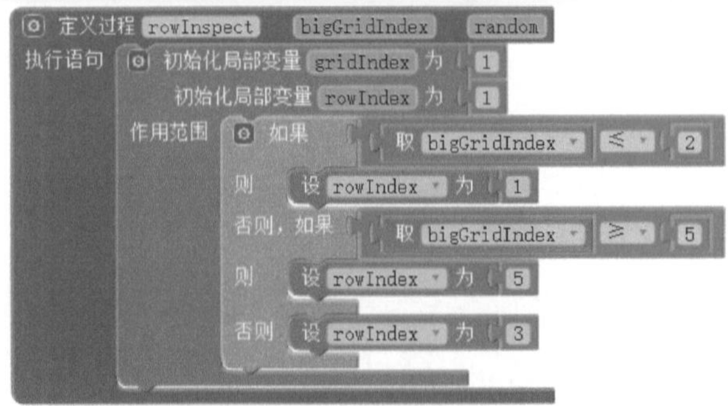

图 9-23　过程“rowInspect”1

（3）判断当前是否包含该随机数，如果包含则检查下一行，而第二行的第一个小格子下标是 4，所以需要修改第一个检查的小格子的下标，然后调用过程“columnInspect”，进入列检查，如图 9-24 所示。

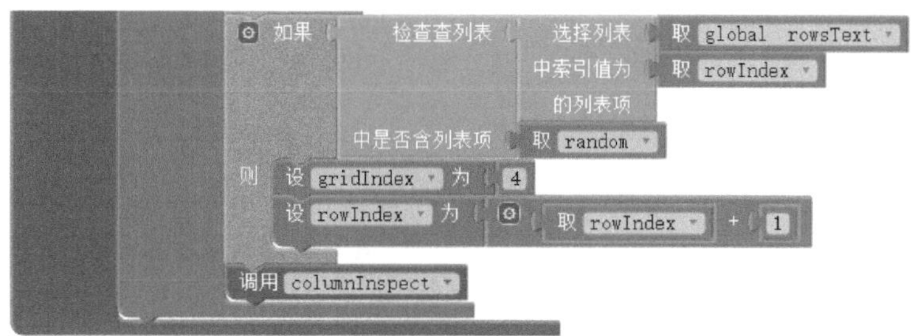


图 9-24　过程“rowInspect”2

5. 格子填充——列检查

（1）进行列检查时，需要根据大格子的下标，即“bigGridIndex”，来判断需要检查的是第几列，还需要结合当前填充的随机数进行判断。在行检查时已经知道检查到了第几个小格子（“gridIndcx”）和第几行（“rowIndex”），同样的，列检查也需要这些数据，所以过程“columnInspect”需要接收 4 个参数，如图 9-25 所示。

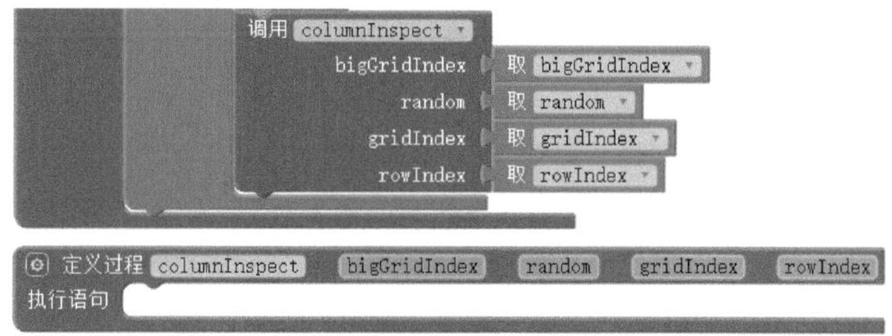


图 9-25　设置过程“columnInspect”的参数

（2）初始化局部变量“columnIndex”、“isFill”、“maxIndex” 和“minIndex”，“columnIndex”用于记录当前列的下标，“isFill”用于记录是否进行填充，“maxIndex”用于记录当前大格子的最大列下标，“minIndex”用于记录当前大格子的最小列下标。首先判断当前的大格子下标是偶数还是奇数，如果是偶数则初始列下标（“columnIndex”）为 4，最大列下标（“maxIndex”）为 6，最小列下标（“minIndex”）为 4，如图 9-26 所示。

（3）初始化局部变量“isContinue”，用于记录是否继续执行列检查。当“isContinue”为“true”时则检查当前列是否包含随机数并且该小格子的文本是否为空字串。如果该小格子满足条件，则设“isFill”为“true”，即可进行填充，并将“isContinue”设为“false”，退出列检查；如果该小格子不满足条件，则继续检查下一个小格子，如图 9-27 所示。

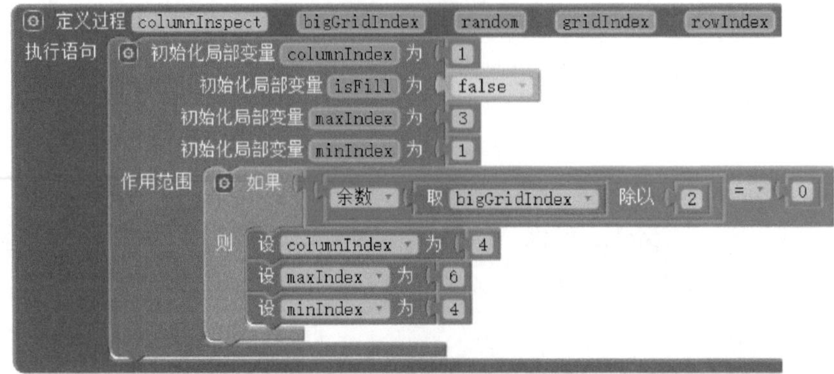


图 9-26 过程“columnInspect”1

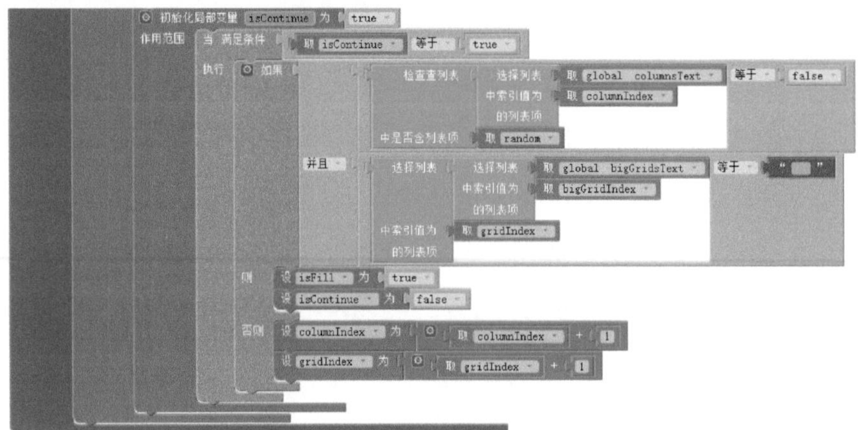

图 9-27 过程“columnInspect”2

（4）当“gridIndex”大于 6 时，则表明此次填充失败，应跳出列检查，否则如果是超出最大列数，即“columnIndex”大于“maxIndex”，则检查下一行，并且从最小列数开始检查，如图 9-28 所示。

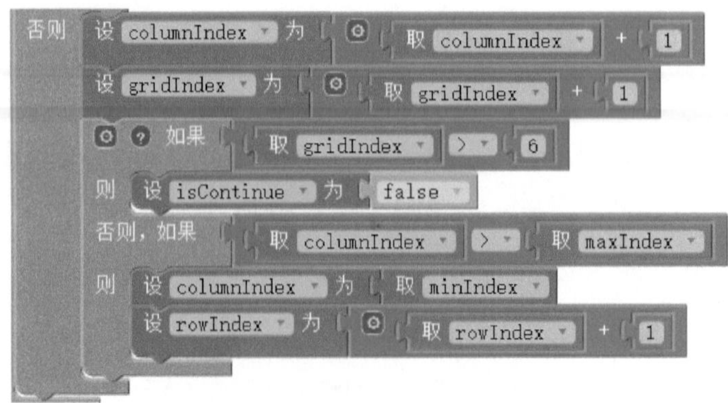


图 9-28 过程“columnInspect”3

（5）当“gridIndex”大于 6 时，应该清空填充失败的大格子的文本，并且清除对应的行列表和列列表中的元素。初始化局部变量“rowMinLength”和“columnMinLength”，分别用于记录行列表的最小长度和列列表的最小长度。首先根据大格子的下标来决定行、列列表的最小长度，然后进行清除，如图 9-29 所示。

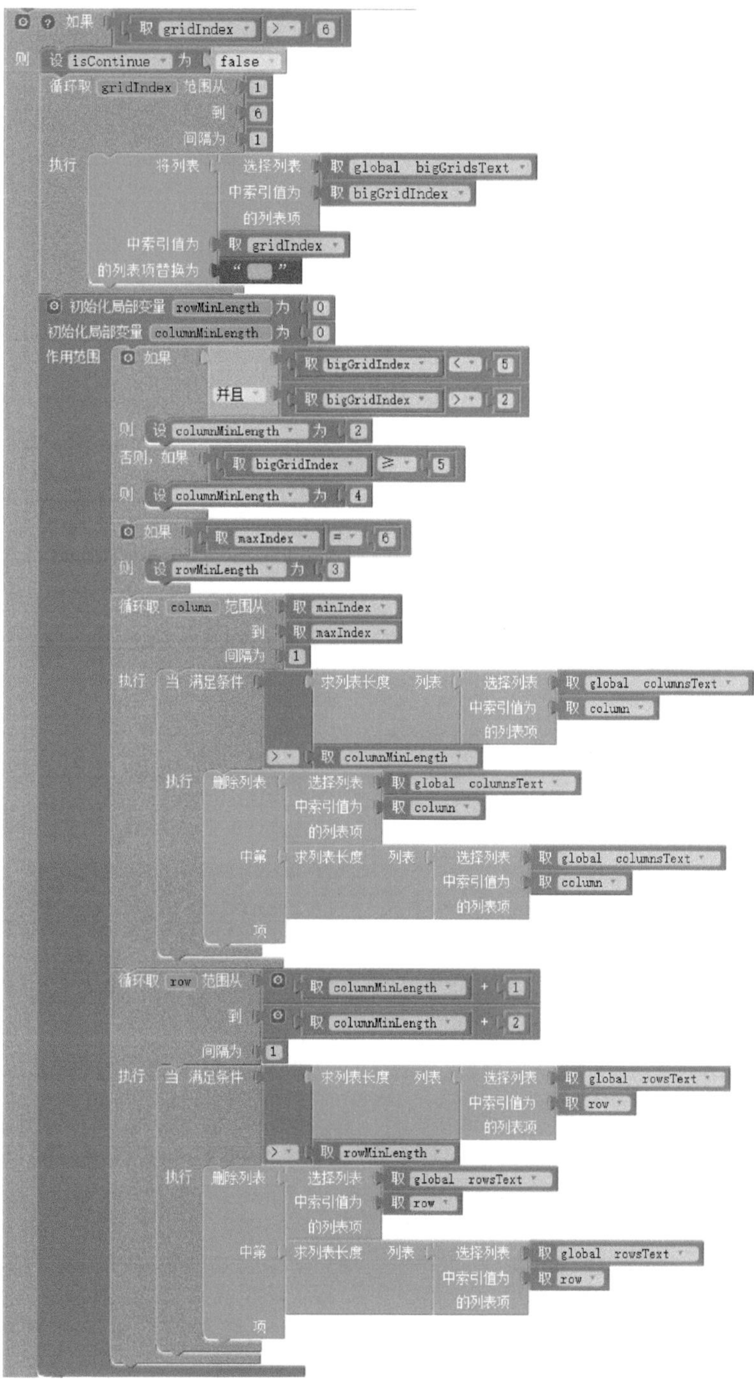

图 9-29 过程“columnInspect”4

（6）列检查通过则进入填充操作，即调用过程“addItem”，如图 9-30 所示。

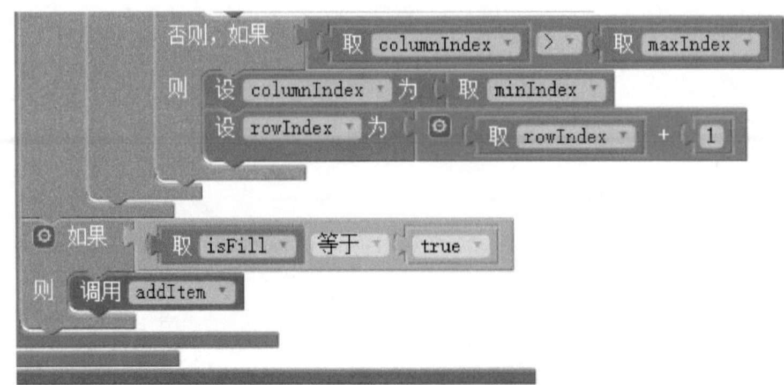


图 9-30 过程“columnInspect”5

6. 格子填充——填充操作

（1）进行填充操作时，需要知道当前大格子的下标、当前随机数、当前小格子的下标、当前行的下标和当前列的下标，所以过程“addItem”需要接收这 5 个参数，如图 9-31 所示。

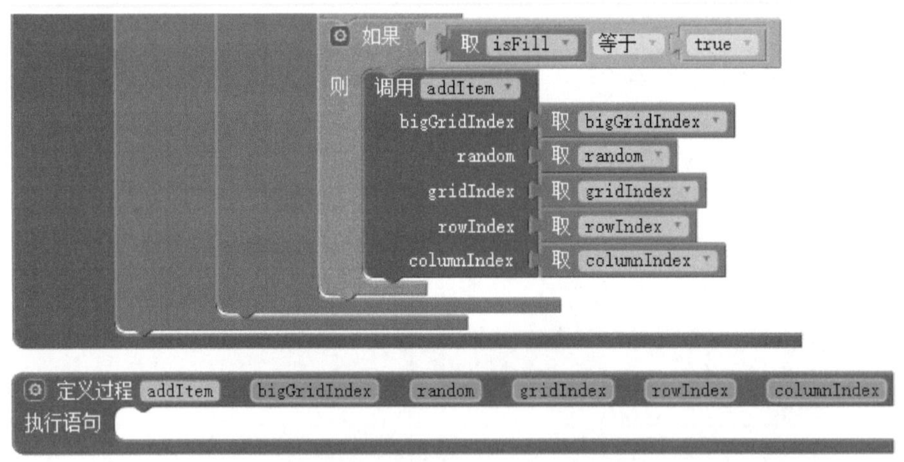


图 9-31 设置过程“addItem”的参数

（2）进行填充操作，用随机数替换原本列表“bigGridsText”中的空字串，给对应的“rowsText”和“columnsText”添加列表项（随机数），并设置对应的列表选择框的文本。每进行一次填充操作则填充次数（“fillTimes”）加 1，如图 9-32 所示。

7. 挖空

（1）挖空采用随机规则，利用随机数列表，每次挖空最大数为 24（4×6），被选中的小格子（即列表选择框）的“文本”设为空字串，“文本颜色”设为绿色，“启用”状态设为“true”，如图 9-33 所示。

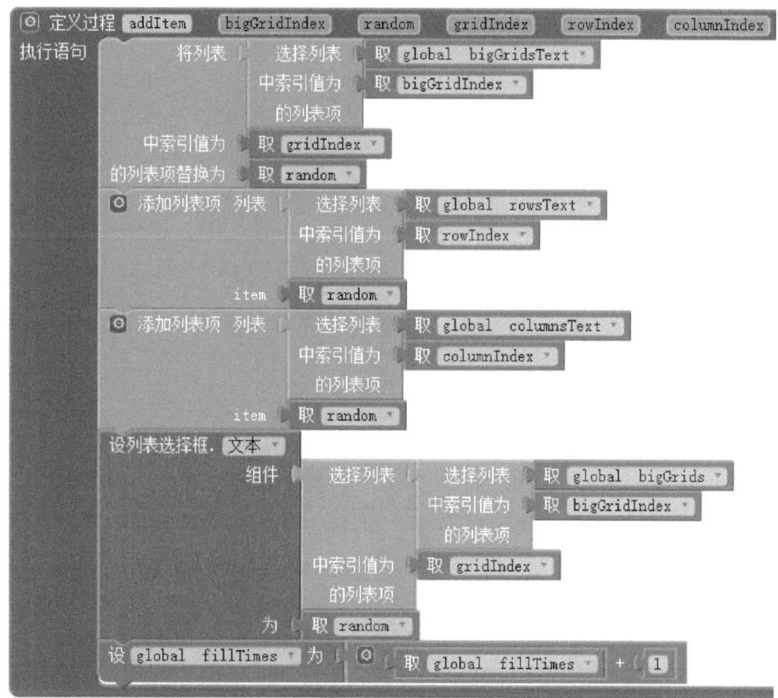


图 9-32　过程“addItem”

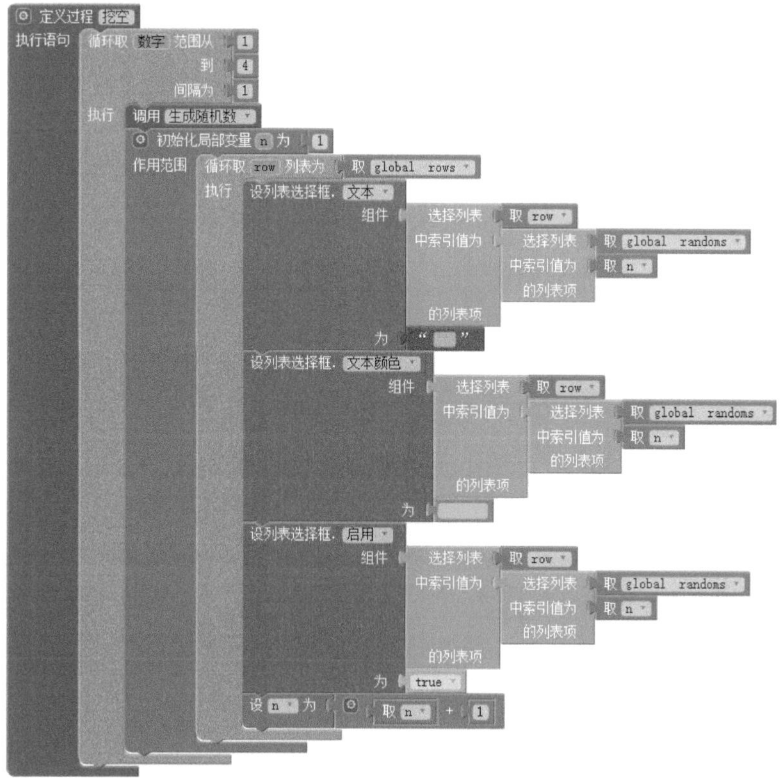


图 9-33　过程“挖空”

（2）只有当填充成功后才进行挖空操作，所以需要在屏幕初始化时进行过程的调用，如图 9-34 所示。

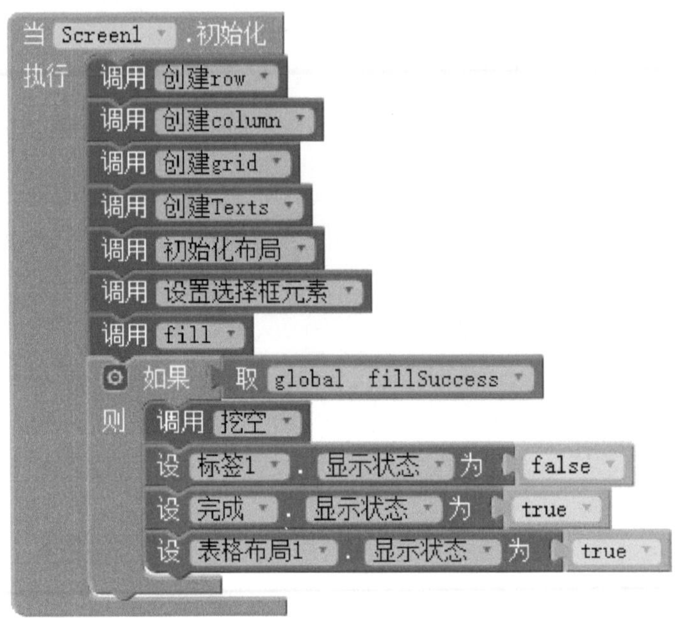


图 9-34　屏幕“Screen1”初始化

8. 检查

（1）当数独填好时，我们需要对“数独”进行检查，所以需要定义过程“Inspect”。由于在填充过程中我们对“rowsText”、“columnsText”和“bigGridsText”进行了操作，所以在检查“数独”时应该先将其清空，再重新获取对应的列表选择框的文本，如图 9-35 所示。

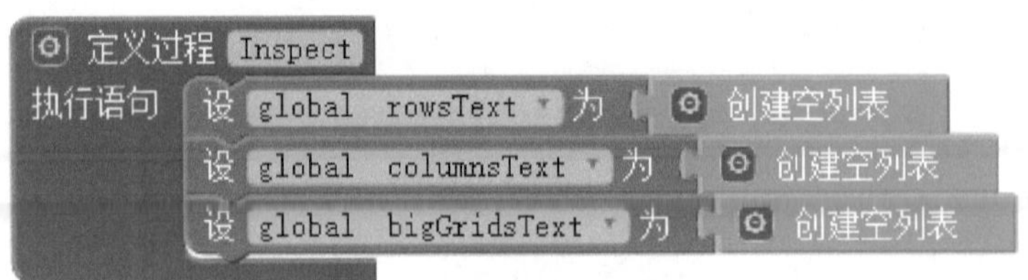


图 9-35　过程“Inspect”1

（2）重新获取每行的文本，如图 9-36 所示。

（3）先检查是否存在空白格子（即没有填写的格子），如果存在则进行提醒，否则继续检查，如图 9-37 所示。

定义过程 Inspect
执行语句 设 global rowsText 为 创建空列表
设 global columnsText 为 创建空列表
设 global bigGridsText 为 创建空列表
循环取 row 列表为 取 global rows
执行 初始化局部变量 textList 为 创建空列表
作用范围 循环取 grid 列表为 取 row
执行 添加列表项 列表 取 textList
item 列表选择框. 文本
组件 取 grid
添加列表项 列表 取 global rowsText
item 取 textList

图 9-36　过程“Inspect”2

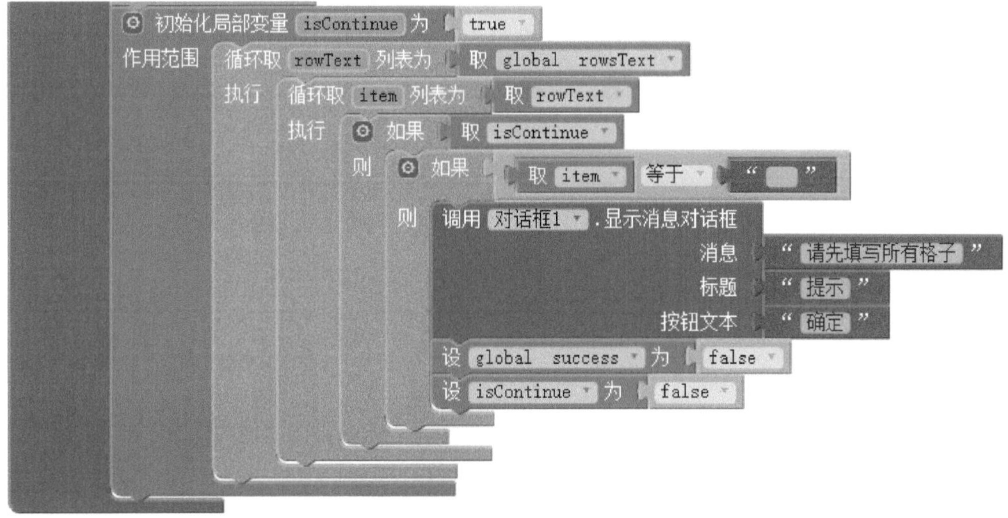


图 9-37　过程“Inspect”3

（4）如果所有格子都已经填好，则对大格子、行和列进行检查，检查有无重复的数字，如果检查通过则全局变量“success”设为“true”，否则设为“false”，如图 9-38 所示。

（5）当我们完成数独时，可以点击“完成”按钮进行提交，所以需要触发点击事件。如果检查通过（即“success”为“true”）则跳转到屏幕“Screen2”，否则弹出对话框进行提示，如图 9-39 所示。

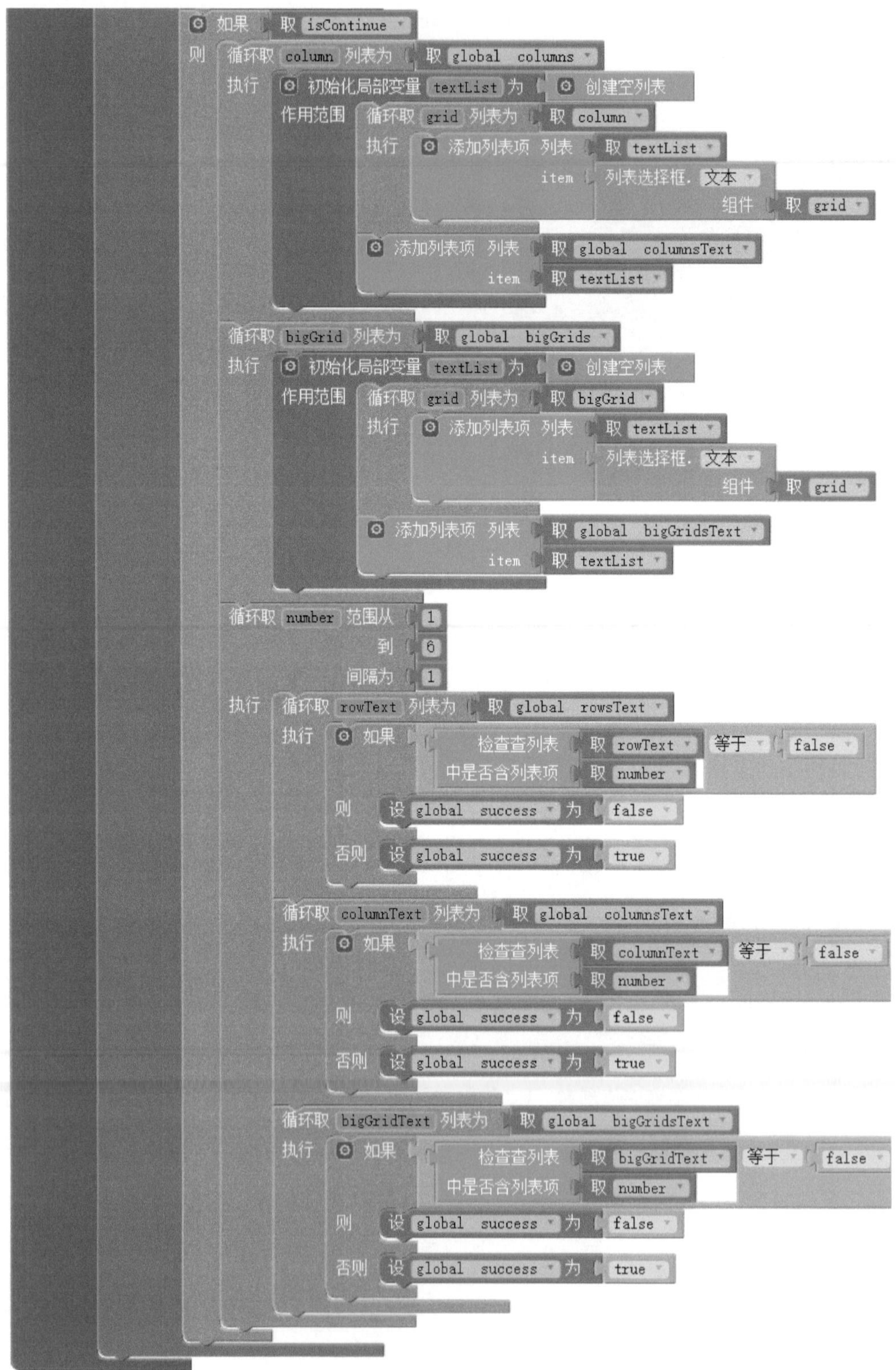


图 9-38　过程“Inspect”4

```
当 完成 .被点击
执行 调用 Inspect
     如果 取 global success
     则 打开屏幕并传值 屏幕名称 “Screen2”
                      初始值 “挑战成功！”
     否则 调用 对话框1 .显示消息对话框
                        消息 “存在错误，请仔细检查！”
                        标题 “提示”
                        按钮文本 “确定”
```

图 9-39　按钮“完成”点击事件

## 9.4.2　Screen2 编程

（1）当“Screen2”初始化时，获取从“Screen1”传来的初始值，并显示到“标签1”，如图 9-40 所示。

图 9-40　“Screen2”初始化

（2）当“按钮 1”（重新生成）被点击时，跳转到“Screen1”，重新生成数独，如图 9-41 所示。

图 9-41　“按钮 1”点击事件

# 参考文献

1. 方昆明，李赞坚，徐景全，等．App Inventor 设计开发移动教育软件［M］．广州：广州出版社，2016.

2. 王寅峰．App Inventor 2 中文版开发实战［M］．北京：电子工业出版社，2015.

3. 白乃远．App Inventor 2 Android 应用开发实战［M］．北京：电子工业出版社 2017.

4. [美] Derek Walter．MIT App Inventor 完全上手［M］．北京：清华大学出版社 2015.

5. 谢作如．跟我学 App Inventor 2［M］．北京：清华大学出版社，2017.

6. http://www.17coding.net/.

7. 吴明晖．App Inventor 创意趣味编程［M］．北京：电子工业出版社，2017.

# 反侵权盗版声明